中国石油大学（华东）"211工程"建设 复杂油气藏物理-化学强化开采 卷一
重点资助系列学术专著　　　工程技术研究与实践丛书

异常应力构造低渗油藏大段泥页岩井壁稳定与多套系统储层保护技术

HOLE WALL STABILIZATION AND MULTI-SYSTEM OF RESERVOIR PROTECTION TECHNOLOGY OF THE ABNORMAL STRESS STRUCTURAL LOW-PERMEABILITY RESERVOIR WITH LARGE MUD SHALE

蒲春生　周风山　吴飞鹏　庸富华　著

中国石油大学出版社
CHINA UNIVERSITY OF PETROLEUM PRESS

图书在版编目(CIP)数据

异常应力构造低渗油藏大段泥页岩井壁稳定与多套系统储层保护技术/蒲春生等著. —东营：中国石油大学出版社，2015.12

(复杂油气藏物理-化学强化开采工程技术研究与实践丛书；1)

ISBN 978-7-5636-4961-7

Ⅰ.①异… Ⅱ.①蒲… Ⅲ.①低渗透油层—板岩—井壁稳定性—研究 ②低渗透油层—板岩—储层保护—研究 Ⅳ.①P618.130.2

中国版本图书馆 CIP 数据核字(2015)第 314076 号

| 书 名：异常应力构造低渗油藏大段泥页岩井壁稳定与多套系统储层保护技术
| 作 者：蒲春生　周凤山　吴飞鹏　庸富华

责任编辑：穆丽娜　张　廉(电话 0532—86981531)
封面设计：悟本设计

出 版 者：中国石油大学出版社(山东 东营　邮编 257061)
网　　 址：http://www.uppbook.com.cn
电子信箱：shiyoujiaoyu@126.com
印 刷 者：山东临沂新华印刷物流集团有限责任公司
发 行 者：中国石油大学出版社(电话 0532—86981531,86983437)
开 本：185 mm×260 mm　印张：11　字数：262 千字
版 次：2015 年 12 月第 1 版第 1 次印刷
定 价：60.00 元

中国石油大学（华东）"211工程"建设
重点资助系列学术专著

总 序

"211工程"于1995年经国务院批准正式启动，是新中国成立以来由国家立项的高等教育领域规模最大、层次最高的工程，是国家面对世纪之交的国内国际形势而做出的高等教育发展的重大决策。"211工程"抓住学科建设、师资队伍建设等决定高校水平提升的核心内容，通过重点突破带动高校整体发展，探索了一条高水平大学建设的成功之路。经过17年的实施建设，"211工程"取得了显著成效，带动了我国高等教育整体教育质量、科学研究、管理水平和办学效益的提高，初步奠定了我国建设若干所具有世界先进水平的一流大学的基础。

1997年，中国石油大学跻身"211工程"重点建设高校行列，学校建设高水平大学面临着重大历史机遇。在"九五""十五""十一五"三期"211工程"建设过程中，学校始终围绕提升学校水平这个核心，以面向石油石化工业重大需求为使命，以实现国家油气资源创新平台重点突破为目标，以提升重点学科水平，打造学术领军人物和学术带头人，培养国际化、创新型人才为根本，坚持有所为、有所不为，以优势带整体，以特色促水平，学校核心竞争力显著增强，办学水平和综合实力明显提高，为建设石油学科国际一流的高水平研究型大学打下良好的基础。经过"211工程"建设，学校石油石化特色更加鲜明，学科优势更加突出，"优势学科创新平台"建设顺利，5个国家重点学科、2个国家重点（培育）学科处于国内领先、国际先进水平。根据ESI 2012年3月更新的数据，我校工程学和化学2个学科领域首次进入ESI世界排名，体现了学校石油石化主干学科实力和水平的明显提升。高水平师资队伍建设取得实质性进展，培养汇聚了两院院士、长江学者特聘教授、国家杰出青年基金获得者、国家"千人计划"和"百千万人才工程"入选者等一批高层次人才队伍,为学校未来发展提供了人才保证。科技创新能力大幅提升,高层次项目、高水平成果不断涌现,年到位科研经费突破4亿元,初步建立起石油特色鲜明的科技创新体系,成为国家科技创新体系的重要组成部分。创新人才培养能力不断提高,开展"卓越工程师教育培养计划"和拔尖创新人才培育特区,积极探索国际化人才的培养,深化研究生培养机制改革,初步构建了与创新人才培养相适应的创新人才培养模式和研究生培养机制。公共服务支撑体系建设不断完善,建成了先进、高效、快捷的公共服务体系,学校办学的软硬件条件显著改善,有力保障了教学、科研以及管理水平的提升。

17年来的"211工程"建设轨迹成为学校发展的重要线索和标志。"211工程"建设所取得的经验成为学校办学的宝贵财富。一是必须要坚持有所为、有所不为,通过强化特色、突出优势,率先从某几个学科领域突破,努力实现石油学科国际一流的发展目标。二是必须坚持滚动发展、整体提高,通过以重点带动整体,进一步扩大优势,协同发展,不断提高整体竞争力。三是必须坚持健全机制、搭建平台,通过完善"联合、开放、共享、竞争、流动"的学科运行机制和以项目为平台的各项建设机制,加强统筹规划、集中资源力量、整合人才队伍,优化各项建设环节和工作制度,保证各项工作的高效有序开展。四是必须坚持凝聚人才、形成合力,通过推进"211工程"建设任务和学校各项事业发展,培养和凝聚大批优秀人才,锻炼形成一支甘于奉献、勇于创新的队伍,各学院、学科和各有关部门协调一致、团结合作,在全校形成强大合力,切实保证各项建设任务的顺利实施。这些经验是在学校"211工程"建设的长期实践中形成的,今后必须要更好地继承和发扬,进一步推动高水平研究型大学的建设和发展。

为更好地总结"211工程"建设的成功经验,充分展示"211工程"建设的丰富成果,学校自2008年开始设立专项资金,资助出版与"211工程"建设有关的系列学术专著,专款资助石大优秀学者以科研成果为基础的优秀学术专著的出版,分门别类地介绍和展示学科建设、科技创新和人才培养等方面的成果和经验。相信这套丛书能够从不同的侧面、从多个角度和方向,进一步传承先进的科学研究成果和学术思想,展示我校"211工程"建设的巨大成绩和发展思路,从而对扩大我校在社会上的影响,提高学校学术声誉,推进我校今后的"211工程"建设发挥重要而独特的贡献和作用。

最后,感谢广大学者为学校"211工程"建设付出的辛勤劳动和巨大努力,感谢专著作者孜孜不倦地整理总结各项研究成果,为学术事业、为学校和师生留下宝贵的创新成果和学术精神。

中国石油大学(华东)校长

2012年9月

复杂油气藏物理-化学强化开采
工程技术研究与实践丛书

序 一

在世界经济发展和国内经济保持较快增长的背景下,我国石油需求持续大幅度上升。2014年我国石油消费量达到 5.08×10^8 t,国内原油产量为 2.1×10^8 t,对外依存度接近 60%,预计未来还将呈现上升态势,国家石油战略安全的重要性愈加凸显。

经过几十年的勘探开发,国内各大油田相继进入开采中后期,新发现并投入开发的油田绝大多数属于低渗、特低渗、致密、稠油、超稠油、异常应力、高温高压、海洋等难动用复杂油气藏,储层类型多、物性差,地质条件复杂,地理环境恶劣,开发技术难度极大。多年来,蒲春生教授率领课题组在异常应力构造油藏、致密砂岩油藏、裂缝性特低渗油藏、深层高温高压气藏和薄层疏松砂岩稠油油藏等复杂油气藏物理-化学强化开采理论与技术方面进行了大量研究工作,取得了丰富的创新性成果,并在生产实践中取得了良好的应用效果。尤其在异常应力构造油藏大段泥页岩井壁失稳与多套压力系统储层伤害物理-化学协同控制机制、致密砂岩油藏水平井纺锤形分段多簇体积压裂、水平井/直井联合注采井网渗流特征物理与数值模拟优化决策、深层高温高压气藏多级脉冲燃爆诱导大型水力缝网体积压裂动力学理论与工艺技术、裂缝性特低渗油藏注水开发中后期基于流动单元/能量厚度协同作用理论的储层精细评价技术和裂缝性水窜水淹微观动力学机理与自适应深部整体调控技术、薄层疏松砂岩稠油油藏注蒸汽热力开采"降黏-防汽窜-防砂"一体化动力学理论与配套工程技术等方面的研究成果具有原创性。在此基础上,将多年科研实践成果进行了系统梳理与总结凝练,同时全面吸收相关技术领域的知识精华与矿场实践经验,形成了这部《复杂油气藏物理-化学强化开采工程技术研究与实践丛书》。

  该丛书理论与实践紧密结合,重点论述了涉及异常应力构造油藏大段泥页岩井壁稳定与多套压力系统储层保护问题、致密砂岩油藏储层改造与注采井网优化问题、裂缝性特低渗油藏水窜水淹有效调控问题、薄层疏松砂岩稠油油藏高效热采与有效防砂协调问题等关键工程技术的系列研究成果,其内容涵盖储层基本特征分析、制约瓶颈剖析、技术对策适应性评价、系统工艺设计、施工参数优化、矿场应用实例分析等方面,是从事油气田开发工程的科学研究工作者、工程技术人员和大专院校相关专业师生很好的参考书。同时,该丛书的出版也必将对同类复杂油气藏的高效开发具有重要的指导和借鉴意义。

中国科学院院士

2015 年 10 月

复杂油气藏物理-化学强化开采
工程技术研究与实践丛书

序 二

随着常规石油资源的减少,低渗、特低渗、稠油、超稠油、致密以及异常应力构造、高温高压等复杂难动用油气藏逐步成为我国石油工业的重要接替储量,但此类油气藏开发难度大且成本高,同时油田的高效开发与生态环境协调可持续发展的压力越来越大,现有的常规强化开采技术已不能完全满足这些难动用油气资源高效开发的需要。将现有常规采油技术和物理法采油相结合,探索提高复杂油气藏开发效果的新方法和新技术,对促进我国难动用油气藏单井产能和整体采收率的提高具有十分重要的理论与实践意义。

自20世纪90年代以来,蒲春生教授带领科研团队基于陕甘宁、四川、塔里木、吐哈、准噶尔等西部油气田地理条件恶劣、生态环境脆弱以及油气藏地质条件复杂的具体情况,建立了国内唯一一个专门从事物理法和物理-化学复合法强化采油理论与技术研究的"油气田特种增产技术实验室"。2002年,"油气田特种增产技术实验室"被批准为"陕西省油气田特种增产技术重点实验室"。2006年,开始筹建中国石油大学(华东)油气田开发工程国家重点学科下的"复杂油气开采物理-生态化学技术与工程研究中心"。经过多年的科学研究与工程实践,该科研团队在复杂油气藏强化开采理论研究和工程实践上取得了一系列特色鲜明的研究成果,尤其在异常应力构造大段泥页岩井壁稳定防控机制与储层伤害液固耦合微观作用机制、致密砂岩储层分段多簇体积压裂、水平井与直井组合井网下的渗流传导规律及体积压裂裂缝形态的优化决策、深层高温高压气藏多级脉冲异常应力构造低渗油藏大段泥页岩井壁稳定与多套系统储层保护技术、深穿透燃爆诱导体积压裂裂缝延伸动态响应机制、裂缝性特低渗储层裂缝尺度动态表征与缝内自适应深部调控技术、薄层疏松砂岩稠油油藏注蒸汽热力开采综合提效配套技术等方面获得重要突破,并在生产实践中取得了显著效果。

  在此基础上,他们将多年科研实践成果进行系统梳理与总结凝练,并吸收相关技术领域的知识精华与矿场实践经验,写作了这部《复杂油气藏物理-化学强化开采工程技术研究与实践丛书》,可为复杂油气藏开发领域的研究人员和工程技术人员提供重要参考。这部丛书的出版将会积极推动复杂油气藏物理-化学复合开采理论与技术的发展,对我国复杂油气资源高效开发具有重要的社会意义和经济意义。

中国工程院院士
2015 年 10 月

PREFACE 前 言

　　随着我国陆上主力常规油气资源逐渐进入开发中后期,复杂油气资源的高效开发对于维持我国石油工业稳定发展、保障石油供应平衡、支撑国家经济可持续发展、维护国家战略安全均具有重要意义。异常应力构造储层、致密砂岩储层、裂缝性特低渗储层、深层高温高压储层、薄层疏松砂岩稠油储层是近年来逐步投入规模开发的几类重要复杂油气资源。在这些油藏的钻井、储层改造、井网布置、水驱控制、高效开发等各环节均存在突出的技术制约,主要体现在异常应力构造储层的井壁稳定与储层保护问题、致密砂岩储层的储层改造与井网优化问题、裂缝性特低渗储层的水驱有效调控问题、疏松砂岩储层的高效热采与有效防砂协调问题等。由于这些复杂油气藏自身的特殊性,一些常规开发技术方法和工艺手段的应用受到了不同程度的限制,而新兴的物理-化学复合方法在该类储层开发中体现出较强的适用性。由此,突破常规技术开发瓶颈,系统梳理物理-化学复合开发技术,完善矿场施工配套工艺等,对于提高复杂油气资源开发的效率和效益具有十分重要的意义。

　　基于上述复杂油气藏的地质特点和开发特征,将现有常规采油技术与物理法采油相结合,探索提高复杂油气藏开发水平的新思路与新方法,必将有效地促进上述几类典型难动用油气藏单井产量与采收率的提高,减少油层伤害与环境污染,提高整体经济效益和社会效益。1987年以来,作者所带领的科研团队一直致力于储层液/固体系微观动力学、储层波动力学、储层伤害孔隙堵塞预测诊断与评价、裂缝性水窜通道自适应调控、高能气体压裂强化采油、稠油高效开发等复杂油气藏物理-化学强化开采基本理论与工程应用方面的

异常应力构造低渗油藏大段泥页岩井壁稳定与多套系统储层保护技术

研究工作。在理论研究取得重要认识的基础上，逐步形成了异常应力构造泥页岩井壁稳定、储层伤害评价诊断与防治、致密砂岩油藏水平井/直井复合井网开发、深层高温高压气藏多级脉冲燃爆诱导大型水力缝网体积压裂、裂缝性特低渗油藏水窜水淹自适应深部整体调控、薄层疏松砂岩稠油藏注蒸汽热力开采"降黏-防汽窜-防砂"一体化等多项创新性配套工程技术成果，并逐步在矿场实践中获得成功应用。特别是近十年来，项目组的研究工作被列入了国家西部开发科技行动计划重大科技攻关课题"陕甘宁盆地特低渗油田高效开发与水资源可持续发展关键技术研究(2005BA901A13)"、国家科技重大专项课题"大型油气田及煤层气开发(2008ZX05009)"、国家863计划重大导向课题"超大功率超声波油井增油技术及其装置研究(2007AA06Z227)"、国家973计划课题"中国高效气藏成藏理论与低效气藏高效开发基础研究"三级专题"气藏气/液/固体系微观动力学特征(2001CB20910704)"、国家自然科学基金课题"油井燃爆压裂中毒性气体生成与传播规律研究(50774091)"、教育部重点科技攻关项目"振动-化学复合增产技术研究(205158)"、中国石油天然气集团公司中青年创新基金项目"低渗油田大功率弹性波层内叠合造缝与增渗关键技术研究(05E7038)"、中国石油天然气股份公司风险创新基金项目"电磁采油系列装置研究与现场试验(2002DB-23)"、陕西省重大科技攻关专项计划项目"陕北地区特低渗油田保水开采提高采收率关键技术研究(2006KZ01-G2)"和陕西省高等学校重大科技攻关项目"陕北地区低渗油田物理-化学复合增产与提高采收率技术研究(2005JS04)"，以及大庆、胜利、吐哈、长庆、延长、辽河、大港、塔里木、吉林、中原等石油企业的科技攻关项目和技术服务项目，使相关研究与现场试验工作取得了重要进展，获得良好的经济效益与社会效益。在作者及合作者近30年研究工作积累的基础上，结合前人有关的研究工作，总结撰写出《复杂油气藏物理-化学强化开采工程技术研究与实践丛书》。在作者多年的研究工作和本丛书的撰写过程中，自始至终得到了郭尚平院士、王德民院士、韩大匡院士、戴金星院士、罗平亚院士、袁士义院士、李佩成院士、张绍槐教授、葛家理教授、张琪教授、李仕伦教授、陈月明教授、赵福麟教授等前辈们的热心指导与无私帮助，并得到了中国石油大庆油田、辽河油田、大港油田、新疆油田、塔里木油田、吐哈油田、长庆油田，中国石化胜利油田、中原油田，中海油渤海油田，以及延长石油集团等企业的精诚协作与鼎力支持，在此特向他们致以崇高的敬意和由衷的感谢。

  本书为丛书的第一卷，全面系统地介绍了异常应力构造低渗油藏的成藏背景、储层地质特征、井壁稳定安全钻井技术，以及多套压力系统储层物性、储层伤害机理与预防处理技术。

  自"八五"开始，为保持我国石油总产量的稳定及增长，国家制定了陆上石油工业"稳定东部、发展西部"的发展战略。我国在新疆吐哈、塔里木、准噶尔三大盆地的油气勘探相继有了重大发现，并在吐哈盆地率先获得突破。QD构造和SB构造为吐哈油田的主力油区，地层埋藏深、层厚大，地质情况极其复杂。QD构造和SB构造为山前构造，区块处于地质运动活跃期，地应力复杂且井深剖面上有大段泥页岩，下部为多套压力系统的储层。钻井过程中出现了严重的井下复杂情况，井漏、井塌频繁，钻井事故率达到40%，严重影响钻井作业的正常进行，钻井成本居高不下，建井周期长，并影响勘探开发进度；而多套压力系统的储集层在钻井、完井过程中受到严重损害,保护难度大,常规的储层保护技术难以奏效,储层损害严重,严重影响油井产能、油藏最终采收率和油田整体开发效益。作者带领科研团队在深井大段泥页岩井壁稳定和多套压力系统储层保护配套技术方面开展了系统的研究工作,并在以下理论与技术方面取得了一些重要进展:

(1) 在深井大段泥页岩井壁稳定和多套压力系统储层保护配套技术理论研究方面取得了重要突破。主要体现在:建立了大段泥页岩岩性特征剖面并得到了其与井壁稳定之间的相关规律;建立了深井多套压力系统储层损害机理及其评价方法;建立了多套压力储层敏感性系数及其定量计算模式;建立了表面电荷特征系统分类模式,并得到了其与储层水敏性的相关规律;建立了储层损害与温度变化之间的相关规律;建立了低渗透储层微裂隙系统有效尺寸室内检测方法并完成了实验装置设计;建立了屏蔽暂堵技术工艺优化设计的加罚形式多元相关分析法。

(2) 首次采取岩石矿物学、岩相学、岩石弹塑性力学、流体力学、渗流力学、化学反应动力学、胶体表面化学等多学科有机结合的研究方式,对影响井壁稳定和储层保护的地质、化学和工程三方面因素进行了系统深入的研究,形成了适用于以吐哈QD构造和SB构造为代表的深井大段泥页岩井壁稳定及多套压力系统储层保护配套技术。

全书共分8章。第1章简要介绍井壁稳定技术及储层保护技术等基本概念;第2章简述吐鲁番-哈密盆地大段泥页岩构造地质特征,主要包含区域构造背景、沉积背景及沉积微相特征等;第3章阐述吐鲁番-哈密盆地大段泥页岩异常应力构造下的应力特征、孔隙-微裂缝发育特征,并介绍大段泥页岩储层岩石水化膨胀特征;第4章在异常应力构造大段泥页岩构造特征、应力特征及储层物性特征基础上总结得到井壁稳定主控因素及影响规律,进而研究井壁稳定钻井液技术和安全钻井工艺技术;第5章简述多套压力系统储层区域构造、沉积背景、沉积微相特征及储层物性特征;第6章研究多套压力系统储层潜在伤害机理,明确多套压力系统储层伤害主控因素,提出多套压力系统储层伤害预测技术,评价多套压力系统储层伤害敏感性;第7章介绍多套压力系统储层伤害预防与处理技术,包括强抑制性钻井液体系研制、屏蔽暂堵储层伤害防治技术;第8章展望异常应力构造低渗油藏大段泥页岩井壁稳定技术的发展趋势。

本书可供从事油气田开发工程、石油开发地质等方面工作的科研工作者和工程技术人员参考,也可以作为相关专业领域的博士、硕士研究生和高年级大学生的参考教材。

本书内容主要基于作者及所领导的科研团队取得的研究成果,同时也参考了近年来国内外同行专家在这一领域公开出版或发表的相关研究成果,相关参考资料已列入参考文献之中,特做此说明,并对这些资料的作者致以诚挚的谢意。

中国石油大学(华东)油气田开发工程国家重点学科"211工程"建设计划、985创新平台建设计划和中国石油大学出版社对本书的出版给予了大力支持和帮助,在此表示衷心的感谢。本书的出版还得到了国家出版基金和中国石油大学(华东)"211工程"建设学术著作出版基金的支持,在此一并表示感谢。

目前,深井大段泥页岩井壁稳定和多套系统储层保护配套技术在诸多方面仍处于研究发展阶段,加之作者水平有限和经验不足,书中难免有不少缺点和错误,欢迎同行和专家提出宝贵意见。

作　者
2015 年 8 月

CONTENTS 目 录

第 1 章 异常应力构造油藏井壁稳定与储层伤害问题 ⋯⋯⋯⋯⋯⋯⋯⋯⋯⋯⋯⋯ 1
  1.1 异常压力油气藏 ⋯⋯⋯⋯⋯⋯⋯⋯⋯⋯⋯⋯⋯⋯⋯⋯⋯⋯⋯⋯⋯⋯⋯⋯⋯ 1
  1.2 井壁稳定问题 ⋯⋯⋯⋯⋯⋯⋯⋯⋯⋯⋯⋯⋯⋯⋯⋯⋯⋯⋯⋯⋯⋯⋯⋯⋯⋯ 2
    1.2.1 国内外井壁稳定研究现状 ⋯⋯⋯⋯⋯⋯⋯⋯⋯⋯⋯⋯⋯⋯⋯⋯⋯⋯ 2
    1.2.2 井壁稳定问题及治理对策分析 ⋯⋯⋯⋯⋯⋯⋯⋯⋯⋯⋯⋯⋯⋯⋯⋯ 5
  1.3 储层伤害问题 ⋯⋯⋯⋯⋯⋯⋯⋯⋯⋯⋯⋯⋯⋯⋯⋯⋯⋯⋯⋯⋯⋯⋯⋯⋯⋯ 6
    1.3.1 国内外储层伤害及保护技术研究现状 ⋯⋯⋯⋯⋯⋯⋯⋯⋯⋯⋯⋯⋯ 6
    1.3.2 储层伤害问题及治理对策分析 ⋯⋯⋯⋯⋯⋯⋯⋯⋯⋯⋯⋯⋯⋯⋯⋯ 10

第 2 章 大段泥页岩构造地质特征 ⋯⋯⋯⋯⋯⋯⋯⋯⋯⋯⋯⋯⋯⋯⋯⋯⋯⋯⋯⋯ 13
  2.1 大段泥页岩区域构造背景 ⋯⋯⋯⋯⋯⋯⋯⋯⋯⋯⋯⋯⋯⋯⋯⋯⋯⋯⋯⋯ 13
  2.2 大段泥页岩沉积背景 ⋯⋯⋯⋯⋯⋯⋯⋯⋯⋯⋯⋯⋯⋯⋯⋯⋯⋯⋯⋯⋯⋯ 15
    2.2.1 地层分布特征 ⋯⋯⋯⋯⋯⋯⋯⋯⋯⋯⋯⋯⋯⋯⋯⋯⋯⋯⋯⋯⋯⋯⋯ 15
    2.2.2 沉积特征 ⋯⋯⋯⋯⋯⋯⋯⋯⋯⋯⋯⋯⋯⋯⋯⋯⋯⋯⋯⋯⋯⋯⋯⋯⋯ 17
  2.3 大段泥页岩沉积微相特征 ⋯⋯⋯⋯⋯⋯⋯⋯⋯⋯⋯⋯⋯⋯⋯⋯⋯⋯⋯⋯ 18
    2.3.1 上二叠统(P_2)沉积微相特征 ⋯⋯⋯⋯⋯⋯⋯⋯⋯⋯⋯⋯⋯⋯⋯⋯ 18
    2.3.2 三叠系(T)沉积微相特征 ⋯⋯⋯⋯⋯⋯⋯⋯⋯⋯⋯⋯⋯⋯⋯⋯⋯⋯ 20
    2.3.3 侏罗系(J)沉积微相特征 ⋯⋯⋯⋯⋯⋯⋯⋯⋯⋯⋯⋯⋯⋯⋯⋯⋯⋯ 22
    2.3.4 白垩系(K)沉积微相特征 ⋯⋯⋯⋯⋯⋯⋯⋯⋯⋯⋯⋯⋯⋯⋯⋯⋯⋯ 26
    2.3.5 第三系(N—E)沉积微相特征 ⋯⋯⋯⋯⋯⋯⋯⋯⋯⋯⋯⋯⋯⋯⋯⋯ 26
    2.3.6 第四系(Q)沉积微相特征 ⋯⋯⋯⋯⋯⋯⋯⋯⋯⋯⋯⋯⋯⋯⋯⋯⋯⋯ 27

第 3 章 大段泥页岩异常应力构造与岩石物化特征 ⋯⋯⋯⋯⋯⋯⋯⋯⋯⋯⋯⋯ 28
  3.1 大段泥页岩岩石力学研究方法 ⋯⋯⋯⋯⋯⋯⋯⋯⋯⋯⋯⋯⋯⋯⋯⋯⋯⋯ 28

3.1.1　岩石力学参数的连续确定 ………………………………………… 28
　　3.1.2　吐哈油田 QD 构造岩石力学参数的确定 …………………………… 30
3.2　大段泥页岩区域构造应力特征 ……………………………………………… 33
3.3　大段泥页岩储层孔隙-微裂缝发育特征 ……………………………………… 40
　　3.3.1　QD3 井储层孔渗发育特征 …………………………………………… 41
　　3.3.2　QD7 井储层孔渗发育特征 …………………………………………… 44
　　3.3.3　成岩作用与孔隙演化 ………………………………………………… 48
3.4　大段泥页岩储层岩石水化膨胀特征 ………………………………………… 53
　　3.4.1　研究泥页岩水敏性的意义及方法 …………………………………… 53
　　3.4.2　构造泥页岩水敏吸附膨胀特性 ……………………………………… 55
　　3.4.3　构造泥页岩水敏吸附分散特性 ……………………………………… 57
　　3.4.4　层理与裂隙发育的泥页岩的水敏性 ………………………………… 59

第 4 章　大段泥页岩井壁稳定安全钻井技术 …………………………………… 62

4.1　大段泥页岩岩性特征及其与井壁稳定之间的相关规律 …………………… 62
4.2　大段泥页岩井壁稳定钻井液技术 …………………………………………… 65
　　4.2.1　钻井液处理剂的评选 ………………………………………………… 65
　　4.2.2　大段泥页岩钻井液体系的确定 ……………………………………… 72
　　4.2.3　大段泥页岩钻井液配方优选 ………………………………………… 73
4.3　大段泥页岩井壁稳定安全钻井工艺技术 …………………………………… 82
　　4.3.1　构造岩石可钻性及钻头选型 ………………………………………… 82
　　4.3.2　合理井身结构与钻具组合 …………………………………………… 87
　　4.3.3　钻井工程分段施工要点 ……………………………………………… 90

第 5 章　多套压力系统储层地质与物性特征 …………………………………… 94

5.1　多套压力系统储层区域构造与沉积背景 …………………………………… 94
　　5.1.1　构造位置 ……………………………………………………………… 94
　　5.1.2　沉积地层与岩性 ……………………………………………………… 94
5.2　多套压力系统储层物性特征 ………………………………………………… 96
　　5.2.1　储层岩石类型及岩性特征 …………………………………………… 96
　　5.2.2　储层砂岩的孔隙类型 ………………………………………………… 103

第 6 章　多套压力系统储层潜在伤害与敏感性评价 …………………………… 104

6.1　多套压力系统储层伤害主控因素 …………………………………………… 104
　　6.1.1　黏土矿物及其引起的潜在损害因素 ………………………………… 104
　　6.1.2　碳酸盐矿物和黄铁矿引起的地层损害 ……………………………… 107
　　6.1.3　其他矿物引起的地层损害 …………………………………………… 108
　　6.1.4　结垢趋势 ……………………………………………………………… 108

  6.1.5 出砂 · 108
 6.2 多套压力系统储层伤害预测技术 · 109
  6.2.1 分层界面方程的建立 · 109
  6.2.2 界面方程的拟合效果分析 · 110
  6.2.3 数据的收集和计算 · 110
 6.3 多套压力系统储层伤害敏感性评价 · 112
  6.3.1 储层岩心敏感性实验及损害机理研究 · 112
  6.3.2 颗粒表面电荷特征与储层水敏性相关规律研究 · 125
  6.3.3 储层损害的温度敏感性研究 · 131
  6.3.4 储层流体与工作液间配伍性研究 · 135

第7章 多套压力系统储层伤害预防与处理技术 · 144
 7.1 强抑制性钻井液体系研制 · 144
  7.1.1 实验方法及仪器配置 · 144
  7.1.2 制样及实验结果评价指标 · 146
  7.1.3 实验结果及分析 · 148
 7.2 屏蔽暂堵储层伤害防治技术 · 151
  7.2.1 屏蔽暂堵液中固相粒子尺寸分布定量计算 · 151
  7.2.2 屏蔽暂堵剂加量计算 · 152
  7.2.3 屏蔽暂堵剂的复配定量计算 · 153

第8章 异常应力构造低渗油藏大段泥页岩井壁稳定技术展望 · 154
 8.1 异常应力构造低渗油藏大段泥页岩井壁失稳机理分析 · 154
 8.2 异常应力构造低渗油藏大段泥页岩井壁稳定研究方法及发展趋势 · 155
  8.2.1 研究方法 · 155
  8.2.2 发展趋势 · 157

参考文献 · 158

第1章 异常应力构造油藏井壁稳定与储层伤害问题

我国西部油气田具有埋藏深、地质条件复杂、地理条件恶劣等特点,勘探开发中深井大段泥页岩井壁稳定成为钻井的重大难题,常规的储层保护技术难以奏效,而多套系统的储层保护难度亦大,严重影响油井产能、油藏最终采收率和油田整体开发效益。因此,深井大段泥页岩井壁稳定和多套层系储层保护配套技术的研究工作显得尤为重要,并且对于防塌治漏与多压力系统的储层保护必须统一考虑。单靠钻井液技术或单靠钻井工艺技术都难以解决这一复杂问题,必须把井壁稳定力学和钻井液化学有机结合起来,采用特殊的防塌治漏钻井液体系并结合切实可行的钻井工艺措施,且在完井阶段将钻井液转化为保护储层的完井液,才能达到防塌治漏和保护储层的目的。

1.1 异常压力油气藏

地层异常压力早就引起了人们的关注,随着越来越多的盆地发现异常压力,尤其是在钻井过程中所遇到的由异常压力引起的一系列问题,使得对异常压力的研究成为一个热点。异常压力是指地层中孔隙流体的压力大于或小于相同深度地层的正常压力。一般含油气盆地中地层的孔隙压力等于从地面开始的连续静水柱压力,当孔隙压力明显大于或小于正常压力时,就产生异常压力,分别称为超压或欠压。正常压力带的地层压力系数为1,压力系数大于1为高压异常,而压力系数小于1则为低压异常。

近年来,我国在海内外勘探开发的高压和超低压油气藏的地层特征复杂,使得钻井工艺比常规油气藏更加复杂,施工难度加大,主要表现在以下几个方面:

(1) 井身结构复杂,开钻次数多。

由于此类油气藏多具产层多、压力异常、多压力系统以及地层压力规律性差等特点,故在井身结构设计上考虑的套管层次比较多。

(2) 钻井液配制和维护处理难。

高压油气藏钻井与高密度钻井液是紧密相关的,为了平衡地层压力,常常不得不使用密度非常高的钻井液,因此对钻井液的黏度、滤失量、泥饼、pH值、含砂量、摩阻系数、静切力、固体含量和膨润土含量等性能提出了非常严格的要求。

(3) 井控标准高，危险大。

井控技术实际上就是平衡压力钻井技术，平衡压力钻井是井控工作的基础。高压油气藏的井一般比较深，使用高密度钻井液钻进的井段比较长，高低压力系数常常同时存在。有的区块产层横向和纵向压力梯度差异都很大，当一个裸眼井段内出现压力梯度相差甚大的显示层时，平衡压力钻井就很难进行。

(4) 钻井速度慢。

在低密度的情况下，机械钻速会随钻井液密度（主要受固相含量的影响）的升高而急剧降低；在高密度的情况下，钻井液密度对机械钻速的影响虽然不像低密度时那样大，但仍然是十分明显的。

(5) 钻井过程中易发生溢流和井漏。

高压油气井由于压力高、能量大，容易发生溢流，如不能及时控制或控制不当，很容易造成井喷事故；超低压油气藏钻井时由于地层压力低，很容易发生井漏；钻高压油气井时一般采用安全压力附加值的高限，井内又常常存在不同压力梯度的众多显示层，因此也常会发生井漏。

以上这些在异常压力油气藏钻井过程中可能出现的问题会直接或间接地影响近井周围储层岩石的渗流能力，因此有必要对钻井过程中的储层伤害机理进行深入研究，评价和筛选出能有效保护储层的钻完井液体系，以减少钻井、完井过程中的储层损害，提高油气产量。

1.2　井壁稳定问题

1.2.1　国内外井壁稳定研究现状

在钻井工程中，井壁稳定是保证快速、安全、优质钻井的先决条件，可以说从旋转钻井方法出现开始就产生了井壁稳定问题。井壁稳定问题具有普遍性，在世界许多油田都存在。人们从各个方面探讨和研究了井壁稳定问题，其相应的对策（从岩性分析、力学平衡、钻井液优化、钻井工艺措施改善等方面着手研究）研究获得了很大的进展，取得了一定的效果。但到目前为止，井壁稳定问题仍没有尽善尽美的解决方法。

钻井工程中的井壁稳定问题主要表现为井眼蠕变缩径和井壁坍塌两种形式。它可以产生于多种类型的地层中，如盐岩的辐变缩径，胶结性差的砂砾岩或处于水化破碎带的灰岩、蛇纹岩、玄武岩等造成的坍塌，煤层的垮塌等，而其在泥页岩中，特别是在大段（套）泥页岩地层中最常见、最容易发生。泥页岩地层除了原发性井壁失稳以外，还可能通过影响钻井液性能（如增高钻井液的黏度、切力），出现泥包钻具而诱发井壁失稳（如起下钻压力激动过大造成的井壁失稳）等。因此，井壁稳定问题的主要研究对象是泥页岩地层。

泥页岩地层井壁稳定问题可以归结为地层力学因素、钻井液化学因素和钻井工艺工程因素三个方面综合作用的结果。当岩石被钻开而形成新的井眼时，原有的平衡被破坏，按照能量最小原理，必须建立新的平衡。由于无法控制客观存在的岩层地应力、岩石强度、孔隙压力、矿物组成等，因此必须通过调整可控因素来建立新的平衡才能保持井壁的相对稳定。井壁稳定问题的研究正是在寻求可控因素与不可控因素间的平衡中不断深入和发展的。

目前国内外井壁稳定问题的研究主要包括下面三个方面。

1. 泥页岩的理化特性研究

为了寻找井塌的原因,制定防塌措施,首先必须了解清楚地层的特性,因此需要对其理化特性进行研究,这些研究包括:

(1) 肉眼观察。了解层理、裂缝、镜面擦痕发育情况,地层倾角,软硬程度以及遇水膨胀、分散和强度的变化状况。

(2) X 光衍射分析、差热分析、红外光吸收分析。测定各种非黏土矿物的含量及黏土矿物的相对比例,通过红外分析还可以测定各种晶质黏土矿物含量及非晶质黏土矿物含量。

(3) 扫描电镜分析。定性确定黏土矿物、非黏土矿物、胶结物特性以及带微裂缝、孔隙的细粒结构。

(4) 薄片分析。确定泥页岩的显微结构。

(5) 吸附等温线分析。测定不同平衡条件下页岩的含水量,以估计地层的膨胀程度、岩心的含水量及其活度。

(6) 密度测验。泥页岩的密度通常与其压实强度及孔隙压力有关。

(7) 阳离子交换容量测定。通过测定阳离子交换总容量及各阳离子的交换分量,反映出泥页岩抑制机理中离子作用的大小。

(8) Zeta 电位测定。页岩 Zeta 电位的大小可用来判断其膨胀、分散特性。

(9) 膨胀实验。反映泥页岩的膨胀(线性或体积)特性。

(10) 分散实验。反映泥页岩的分散特性。

(11) 可溶性盐含量测定。用于分析泥页岩与钻井液作用时其离子浓度(水活度)的平衡。

(12) 泥页岩的强度及硬度测定。反映泥页岩的抗冲蚀及抗剥蚀能力。

通过对这些特性的研究,系统地对泥页岩进行分类,以评估井壁失稳的可能性和程度,从而为制定相应制度提供科学依据。

2. 泥页岩与钻井液之间物理化学作用机理研究

长期以来,由于受石油钻井工程发展历程的影响,对井壁稳定的研究多集中于用化学防塌方法来研究泥页岩与钻井液之间的物理化学作用机理。这些方法包括:

(1) 线膨胀实验。用 NP-01A 或土壤膨胀仪可以测定与钻井液作用后泥页岩的线膨胀性。

(2) Ensulin 膨胀实验。用 Ensulin 膨胀仪可以测定泥页岩吸水或与钻井液作用后的容积膨胀性。

(3) 高温高压膨胀实验。模拟地下条件,使泥页岩在较高温度和压力下与钻井液相互作用,研究其体积膨胀性。

(4) 页岩热滚实验。在特定实验条件下,研究泥页岩在钻井液中的分散稳定性,用页岩的热滚回收率表示。

(5) CST 实验。用在特定滤纸上的渗滤时间来测定泥页岩的分散特性,用泥页岩浆液在特性滤纸上移动0.5 cm的时间表示其分散性。

(6) 常温三轴应力实验。研究在动态条件下,承压泥页岩与钻井液相互作用时的耐冲蚀性,反映钻井液对泥页岩岩心样品的抑制性。

(7) 高温三轴应力实验。实验原理和目的与常温三轴应力实验相同,只是增加了加温系统。

(8) 页岩稳定指数实验。研究页岩样品与钻井液相互作用后其强度的变化,用页岩稳定指数 SSI 表示。

(9) 页岩小球动态实验。特制页岩小球在可变物理化学环境下与钻井液作用后,通过观察其溶解、磨损、膨胀而引起的质量变化和硬度变化来反映钻井液对小球的抑制作用。

(10) 泥饼针入度实验。通过研究泥饼的结构特性,分析其对泥页岩地层的封堵、保护特性,以评价钻井液对地层的稳定作用。目前,达到工业使用标准的泥饼针入度仪已有几种产品。

(11) DSC井下模拟实验。在模拟盖层压力、围压及环境温度下,观测特制泥页岩岩心与循环钻井液作用后钻井液抑制泥页岩坍塌的效果。

(12) 沥青类产品的封堵实验。沥青类产品是使用最广泛的页岩抑制剂,由于沥青产品必须在一定的温度和压力下才起作用,所以现在已发展了用改造的动态污染仪及泥饼针入度仪等来评价各种沥青产品的防塌效果。

通过对泥页岩与钻井液之间的物理化学作用机理的研究,可以基本摸清各种钻井液体系、处理剂等对泥页岩抑制性的好坏,从而可以正确选择钻井液;通过对与地层相似环境下的实验结果的分析,可以预测井下泥页岩的稳定状况,从而验证所制定的稳定泥页岩的技术对策。

3. 泥页岩井壁稳定力学研究

井壁坍塌问题一般可以归结为井壁岩石所受的应力超过其本身的强度而使岩石产生剪切破坏。钻井液的侵蚀作用会减弱泥页岩的强度,使之更易发生坍塌,但由于从钻井液化学的角度无法分析井壁失稳的力学机理以及确定能控制住井壁失稳的合理钻井液密度值,因此解决井壁坍塌问题仅通过使用优质钻井液是不够的,还需要从岩石力学角度出发,通过井壁力学稳定性研究得出控制井壁失稳的钻井液密度范围,再配合使用优质钻井液,才可能使泥页岩井壁稳定问题得到彻底的解决。

为了进行井壁力学稳定性研究,需要获得声波时差、电阻率等电测资料和地层破裂实验数据以及尽可能接近原始状态的岩心等,因此要进行以下几方面的实验:

(1) 高温高压三轴强度实验。在模拟井温井压条件的三轴强度试验机上测得岩石的弹性模量、有效应力系数;通过绘制岩石强度与围压的关系曲线,可以求出岩石的黏聚力和内摩擦角。

(2) 利用测井资料确定岩石的力学参数。用室内实验可以求出部分岩石力学参数,但由于泥页岩岩心不易获得,实验费用昂贵,特别是不能对所有泥页岩连续取心,因此需要利用测井资料确定岩石的黏聚力和内摩擦角这两个主要参数。

(3) 泥页岩水化作用实验。泥页岩颗粒表面吸附水分子,形成水化膜,而后水分子进入页岩晶层间,使晶层间距增大,页岩体积发生膨胀以至分散。由于水化作用产生的井壁围岩含水变化导致井壁上产生了一种类似静水压力或孔隙压力的水化应力,加速了井壁失稳。

综上所述,在泥页岩抑制性钻井液处理剂和钻井液体系以及与井眼稳定有关的岩石力学特性研究等几个方面,我国相关技术基本接近国外水平,但钻井工程中泥页岩井壁稳定问题仍亟待进一步研究。随着研究和实践工作的开展,井壁稳定问题的研究正处于转折期,对井壁稳定的认识及钻井液处理剂和钻井液体系的研究也将会产生较大的变革,泥页岩井壁稳定问题会得到更好的解决。

1.2.2 井壁稳定问题及治理对策分析

在钻井工程打开地层之前,埋在地层深处的岩石同时受到垂直方向和水平方向上三个力的共同作用而处于力学稳定状态。垂直方向上的受力来自于上部岩石的重力,称为上覆岩石压力,水平方向上的两个力大小不同,分别称为最大水平地应力和最小水平地应力。当岩石被钻头破碎并随钻井液循环到地面后,井壁围岩的受力状况就发生了改变,井壁围岩失去了原井眼内岩石对井壁的支撑,取而代之的是钻井液静液柱压力对井壁的支撑。在这种新的力学条件下,井眼应力重新分布,井壁周围产生了极高的应力集中,如果此时岩石强度不足或钻井液静液柱压力支撑不足,就会出现井壁失稳现象,再加上钻井液对井壁的不断冲刷,井壁岩石松动、掉落,强度明显降低,加剧了井壁失稳现象的发生。

井壁失稳的问题是钻井领域中一个复杂的世界性难题,井壁失稳会给钻井造成巨大的损失和困难,表现为颈缩、坍塌、卡钻、井眼的扩大和固井质量的降低等,这不但会延长钻井周期,而且会提高钻井成本。另外,井壁失稳每年还会给石油工业带来巨大的经济损失。因此,井壁失稳问题是一个非常重要且亟待解决的问题。

泥页岩的井壁稳定性问题是极其复杂的,是地层原地应力、井筒液柱压力、地层岩石力学特性、钻井液性能及工程施工等多种因素综合作用的结果。此外,对于深井和超深井,还需要考虑井周温度变化引起的附加变温应力影响。导致井壁失稳的原因很多,概括起来可以分为天然和人为两个方面。

(1) 天然因素。

主要有地质构造类型和原地应力、地层产状、所含黏土矿物的类型、地层强度、孔隙度、渗透率以及孔隙流体压力等。

(2) 人为因素。

钻井液性能(滤失量、黏度、密度)、钻井液和泥页岩的化学作用的强度、井眼周围钻井液侵入带的深度和范围、井眼裸露的时间、钻井液的环空返速对井壁的冲刷作用、循环波动压力及起下钻的抽汲压力、井眼轨迹的形状和钻柱对井壁的摩擦和碰撞等。

钻井液静液柱压力对井壁支撑作用的大小可以通过调节钻井液性能来控制,其中最方便、最有效的途径是调节钻井液密度。如果钻井液密度过低,钻井液静液柱压力对井壁的支撑作用就会不足,对于脆性岩石,若井壁应力大于岩石的抗剪切强度,会发生岩石剪切破坏,在现场施工中具体表现为井眼坍塌扩径,此时的临界井眼压力定义为坍塌压力;如果钻井液密度过高,钻井液静液柱压力对井壁的支撑作用会超过岩石的承受能力,井壁上将产生拉伸应力,当拉伸应力大于岩石的抗拉强度时,井壁岩石将产生拉伸破坏,具体表现为压漏地层,此时的临界井眼压力定义为破裂压力。因此,井壁的稳定性与所钻遇地层的原有岩石性质以及钻井液性能密切相关。

钻井液对井壁的影响除了其静液柱压力对井壁的支撑作用以外,钻井液与井壁岩石接触,滤液进入地层产生的水化应力也会改变井壁岩石原有的应力平衡状态,即钻井液的物理化学作用对井壁稳定产生不利影响。

井壁失稳既是力学问题,又是化学问题,更是力学与化学问题的耦合,因此在寻找解决途径时也必须将这两方面综合考虑,才能找到最有效的方法,从而获得令人满意的结果。

影响泥页岩井壁稳定性的天然因素是无法避免的,只有通过提高钻井过程中钻井液性能以及钻井技术来提高井壁稳定性。基于此,需要分析影响大段泥页岩井壁稳定的主控因素和影响规律,进而对钻井液进行筛选和评价,确定适合该地层大段泥页岩钻井液配方体系,并对安全钻井过程中钻头及钻具组合进行优选,确定分段工程施工要点,建立一套完整的安全钻进工艺技术体系。

1.3 储层伤害问题

1.3.1 国内外储层伤害及保护技术研究现状

1. 油气层伤害机理研究现状

统计资料表明,即使采用现代化的方法和设备,在经济允许的条件下,平均只能采出油藏中原油储量的31%,显然,油气层伤害严重降低了采收率,所以研究油气层伤害成为一个重要的问题。油气层伤害既是一个过程,又是一个结果。油气层伤害是指在钻开油气层时,由于油气层内组分或外来组分与油气层组分发生了物理、化学作用,导致岩石以及内部液体结构发生改变并引起油气层绝对渗透率下降的过程及其结果。油气层伤害涉及地质、钻井、固井、完井、采油、增产措施等各个环节,其研究内容包括油气层伤害机理研究、模拟装置研制与开发、评级方法与标准以及保护技术等。

国外自20世纪50年代开始进行油气层伤害机理研究。在最初的20多年里,研究进展缓慢,直到70年代,油气层保护问题才真正受到各方的广泛关注,开始从不同的角度来研究油气层保护工作,综合应用工程学、岩石学、物理学、化学等方面的理论与技术对油气层机理进行定性和定量研究,并取得了较大的进展。80年代末,运用数学模拟方法进行机理研究并取得了一些成果,主要表现在以下几个方面:

(1) CT扫描、核磁共振成像、电子能谱、电子探针等实验分析技术为研究油气层伤害的原因、位置和空间分布情况提供了手段。

(2) 油气层孔隙压力、地应力、地层坍塌及破裂压力预测和监测技术,油气层岩石矿物的组分、结构、敏感性矿物、孔喉特征参数、孔渗特性、油气层流体性质以及油气层敏感性分析与评价技术,为油气层保护技术提供了可靠的资料。

(3) 保护油气层措施效果评价与测试技术,如油气层伤害的室内评价技术,中途测试、完井测试等矿场评价技术,随钻测井技术等。

(4) 统计分析、物理模拟、数学模型等理论方法的运用,为油气层伤害规律与伤害程度的预测提供了新方法。

大量的研究认为,油气层伤害通常是两方面作用的结果:

(1) 液体和固体微粒在油气层孔道及裂缝中的运移及堵塞;

(2) 液-固以及液-液之间发生了化学反应和热动力作用。

国内学者从系统论的角度认为,油气层伤害是一个复杂的系统工程,它是由内伤害源、外伤害源和复合伤害源导致的结果。其具体伤害形式有:固相微粒运移造成的油气层伤害;外来流体与油气层岩石、油气层流体不配伍造成的伤害,如水敏性伤害、碱敏性伤害和无机垢、有机垢堵塞等;微生物对油气层的伤害。

近十几年来,对油气层伤害机理的研究有从定性研究发展到定量研究的趋势。在解决问题的方法上,主要引入数值模拟技术进行模型化研究。国内外学者还采用其他方法来预测油气层伤害,比较突出的是多元统计回归、灰色理论和神经网络等专家系统的应用。

2. 国内外油气层保护新措施

油气层保护包括防止和解除地层伤害两方面内容,其中应以预防为主。油气层被污染之后要解除污染是相当困难的,也是相当不经济的,因此应注重打开油气层前的防止污染措施。近期国外油气层保护技术主要有以下九个方面。

1) 射孔新技术——超高压射孔

美国得克萨斯州 ORYX 能源公司经过数年的研究和实践提出了超高压射孔新技术,它具有如下优点:

(1) 在射孔的同时可以完成小型压裂及酸化处理;

(2) 既增加了初始产量,又降低了地层伤害;

(3) 可以使用目前可用的任何射孔器;

(4) 提高了增产处理设计的能力,具有更高的射孔密度;

(5) 允许对新开采和已开采的油气层进行快速评价,改善了射孔效率。

超高压射孔是在射孔前向井眼施加压力使井底压力至少等于地层破裂压力,通常应用的压力梯度为 24 883~29 407 Pa/m。理想情况下,最低的压力梯度应大于所有岩石主应力的破裂压力梯度,此时压力梯度通常为 31 669 Pa/m。增加井眼压力可以采用液体(盐水、原油、酸等)、气体(氮气、甲烷、二氧化碳等)或气液混合使用的方式,最佳的方法是在整个射孔段至其上部的某一点为液体,此点到地面一段为气体。上部使用气体是因为气体被压缩后可以储存一定的能量,以达到所需的压差。

2) 低聚合物的新型黏土稳定剂

低聚合物的新型黏土稳定剂用于处理低渗透地层。大多数油气层都含有黏土矿物,在生产过程中,这些黏土矿物与外来液接触可能会发生膨胀和运移,造成堵塞,使用黏土稳定剂是防止这一伤害的主要手段。过去最常用的黏土稳定剂是阳离子有机聚合物,然而 Himes 等的研究表明,这类稳定剂不能用于渗透率小于 $3\times10^{-3}\mu m^2$ 的地层,否则会造成有效渗透率的进一步减小。他们对比了各种阳离子的水合半径以及它们对黏土的相对稳定性能,研制出一种低相对分子质量、阳离子型无机分子的低聚合物。这种新型黏土稳定剂对黏土表面有很强的吸附能力,能有效地与胶状聚合物竞争吸附黏土,形成一种几乎不润湿的表面,成功地使渗透率很低的砂岩地层中的黏土在盐水和酸的冲洗及高温条件下保持稳定。经这种添加剂处理后,油井能保持较高的产量;这类添加剂与酸化压裂一起使用时,效果更好。

3) 砾石充填

砾石充填完井时若粒径选择不当,会造成地层伤害,因此为了保护油层,必须选择合适的砾石。目前,国外一般是以 Saucier 公式为标准,根据地层砂的平均粒径来选择砾石,通常用地层颗粒平均粒径的 5～6 倍的硅石作为充填砾石。机理研究表明,地层砂都是以伊利石及蒙脱石为胶结剂黏合在一起,呈团状流动的,而不是以单个砂粒流动的。因此,Chan 等认为,选择砾石时地层砂的粒径应为砂团的平均直径,这样既可起到防砂作用,又由于渗透率提高,产量也相应提高,特别是在既需要压裂又需要砾石充填的情况下,较大的砾石更合适。Chan 等建议,在经济允许的情况下应考虑砾石充填完井。调查表明,70%的砾石充填井的表皮系数小于 10。

4) 特效酶多元体处理系统

近年来,有人把生物采油方面的先进技术——识别、分离各种聚合物特效酶——应用到消除伤害的处理液中,这种特效酶多元体处理系统可消除纤维素基、瓜胶基及淀粉基残余聚合物造成的伤害。实验室评价表明,新系统能使处理过的伤害井产量提高 3 倍。工业开采用的普通酶降解剂是作用物与非特效酶的混合物,这种酶无规律地水解基本聚合物,导致多糖部分降解为以短链多糖为主、含少量单糖和二糖的混合物。由于可交联的短链多糖较难溶解,因此会造成渗透率明显下降。而利用聚合物特效酶新开发出来的系统只分解聚合物结构上的特殊键,从而将聚合物降解为非还原糖,大部分为单糖和二糖。特效酶系统是通过鉴定每种特定聚合物的特效酶体系,并根据其水解特定聚合物链内特殊链的能力而加以优选的。每种酶表现出的性质取决于发酵过程中所用的环境条件。

对纤维素伤害处理的实验结果表明,用特效酶多元体可将聚合物滤饼及冻胶伤害完全除去,渗透率恢复到原来的 98.6%。

5) 超声波

用超声波防止或解除地层伤害是近几年迅速发展起来的一种新方法,其适用范围广、作用迅速、增产效果明显且工艺简单,适用于中晚期油田的低产能井及由于盐堵、垢堵或油层受到机械杂质污染而使渗透率急剧下降的停产井的激励和处理。超声波防治地层伤害的主要机理是声波的高频振荡、空化作用及很强的穿透能力。美国的 U. K. Gollapudi 等在实验室用超声破碎装置进行了去除沥青烯沉淀的实验,结果发现,由于声波的空化作用和爆聚振动,沥青烯在超声辐射中只要暴露 115 min 就可有效地破裂,但大量地消除则需暴露 200 min 以上。分析超声波处理沥青烯和砂混合的岩心柱的结果可以看出,处理前,流动速度只有 1×10^{-5} m/s,处理后,流动速度增加到 $(11\sim12)\times10^{-5}$ m/s,约为处理前的 10 倍。但是与没有沥青烯的砂岩相比,其流速还相差很大,这是因为分离的沥青烯在岩心下部又重新沉淀,因此他们指出,现场上用超声处理的同时应开泵抽油,以免破坏的沥青烯重新沉淀。前苏联的老格罗兹内油田进行的清防蜡试验表明:在超声场下,比蜡熔点低得多的温度(20～39 ℃)就可以使蜡完全溶于原油中;若不加超声场而只升高温度,则要到55~60 ℃时才能溶完等量的蜡,且所用时间要长得多。

6) 防止微粒运移的方法

防止微粒的释放及运移首要的措施是控制液体在储层孔隙中的水动力,使用黏土稳定剂可达到一定的效果。M. L. Burnett 在1996年召开的防止地层伤害专家会议上提出,除正投入使用的乙二醇和其他聚醇类等物质以外,近期甲酸盐作为一种新的黏土防膨添加剂成功在现场获得了应用。B. G. Sharma 指出,过去曾使用的各种防止微粒运移的措施有一个共同的缺点:不仅处理可能是暂时的,而且在防止高剪切速度下微粒的机械运移方面可能是无效的。他们提出用可聚合的超薄薄膜(厚度只有1~2 nm)控制孔隙表面的微粒运移,方法如下:① 首先将离子型表面活性剂吸附在固体物质和介质上;② 注入能优先存于表面活性剂层的单体;③ 用引发剂将单体聚合在微粒表面,形成一非常稳定且能有效胶黏在微粒表面的固态超薄薄膜,从而有效地控制微粒水化、运移。这种处理方法有3个特点:① 所选用的单体和表面活性剂柔性很好,薄膜的物理性质和化学性质能满足特殊应用的需要;② 用于多孔介质或微孔薄膜时,超薄薄膜不会造成孔隙闭合,薄膜的厚度可通过单体和表面活性剂的浓度加以控制;③ 在本体溶液中不会发生聚合作用,在本体溶液中聚合物形成所造成的伤害最小。用这种方法进行的 Berea 砂岩对淡水的敏感性实验表明,加热后盐水渗透率稍有下降,这可能是由于超薄薄膜占据部分孔隙空间;产出液内未见微粒,这表明微粒表面的薄膜涂层使微粒保持稳定,原始渗透率无明显改变。另外,实验室岩心实验还证明,因淡水注入和高流速造成的微粒运移在长达6个月的实验期间完全消除,说明这种薄膜的稳定性比较好。

7) 细菌清蜡解堵措施

细菌清蜡技术是一种新型清蜡解堵方法,其基本机理就是细菌对蜡分子的高速代谢作用。近年来,细菌清蜡技术已在很多油田应用并获得良好效果。

细菌清蜡技术的应用条件为:① 油井含水率要大于1%;② 不适合在自喷井中应用;③ 油藏温度应低于82 ℃;④ 硫化氢含量要低于6%;⑤ 对于液态细菌混合物含盐量不应大于10%,对粉状细菌含盐量不应大于22%。

实践表明,细菌清蜡可避免热油洗井造成的地层伤害,是一种很有发展前景的技术。

8) 钻井液与屏蔽暂堵技术

(1) 保护油气层钻井液。

保护油气层钻井液有水基钻井液、油基钻井液、气体钻井液和合成基钻井液等几种类型,各种钻井液各有其优缺点。研究人员认为,综合了水基和油基而发展起来的合成基钻井液具有保护油气层效果好、环保性能好、热稳定性好和成本适中等优点,很可能成为未来钻井液的主流。

(2) 屏蔽暂堵技术。

在常规钻井液基础上改造的屏蔽暂堵技术,是保护油气层的一项简单易行且效果显著的方法,近年来得到广泛应用。该技术利用了一定尺寸的固相颗粒会堵死孔道的特点,使钻井液中的固相颗粒在打开油气层后的较短时间内堵死油气层,防止固相、液相向油气层深部渗透。因此,实施该项技术的关键在于油气层孔隙与钻井液中暂堵剂颗粒在尺寸大小和分布上的合理匹配,即根据油气层孔隙特性优选暂堵剂。暂堵剂优选起初主要凭经验决定颗粒尺寸大小,然后通过多次岩心驱替实验进行选择。后来 Abrams 等的研究表明,当钻井液中含有足够量粒径大于 1/3 油气层孔隙平均直径的颗粒时,这些颗粒便会通过架桥作用在岩石表面附近形成滤饼,阻止钻井液渗入油气层深部。这一结论被称为"三分之一粒径架桥规则"。国内学者在此基础上进一步研究表明,暂堵颗粒应由起桥堵效果的刚性颗粒和起充填作用的充填粒子及软化粒子组成,当刚性颗粒直径等于油气层孔隙平均直径的 2/3 时,桥堵效果最佳、最稳定,此时软化粒子和充填粒子的粒径应等于油气层孔隙平均直径的 1/3~1/4。实际施工中,可按"3%的刚性粒子+1.5%的充填粒子+1%~2%的软化粒子"的规则来确定各暂堵剂的比例。这一理论初步给出了选择暂堵剂的原则,但油气层平均孔隙直径仍不能反映油气层孔隙尺寸和暂堵剂颗粒尺寸空间的分布情况。Mei Wenrong 等把油气层砂岩视为一种具有规则的且互相连通网络的多孔介质来描述,采用 Monte-Carlo 法进行模拟试验,并以被堵塞喉道数目和堵塞深度来选择暂堵剂,取得了较好的效果。但实际上,经过复杂的地质作用形成的天然砂岩油气层通常没有规则的拓扑结构,采用符合欧式几何的模型描述其孔隙分布往往和实际相差较远,因此没有必要进一步探索更符合油气层及颗粒实际情况的暂堵理论。

9) 低压钻井技术

低压钻井技术最早以空气钻井的出现为标志,开始于 20 世纪 50 年代,在 60 年代达到第一个发展高峰,但出于安全考虑,当时并不提倡使用这种钻井方法钻开油气层。在近几年出于开发低渗油气藏和保护油气层的需要,以及低压设备的配套完善,人们又开始重视此项技术。近年来的实践证明,低压钻井技术是解放油气层、保护油气层的有效方法。

1.3.2 储层伤害问题及治理对策分析

油气储层在勘探开发过程中,由于油气藏本身物理、化学、热力学和水动力学等原有平衡状态的变化,以及各种作业因素的影响,外来工作液与地层岩石之间、外来工作液与地层内油气水流体之间发生物理化学作用,从而导致储层受到损害,油气层的产能降低,甚至完全丧失产出能力,影响发现新的油气层,给油田造成巨大的经济损失。储层保护的关键和先决条件是正确了解和掌握油气层伤害的机理。但油气层伤害因素非常复杂,这是由油气层本身的潜在损害因素(主要包括储层的敏感性矿物、储渗空间、岩石表面性质及储层的流体性质)控制的,当外界条件发生变化时,由于储层不能适应这些变化情况,从而导致油气层渗透率降低,造成油气层伤害。无论哪种损害,起决定性作用的是储层本身的内在条件,而外界条件是次要因素。

根据国内外的研究结果,低渗透储层损害机理主有以下几种:

1) 水锁损害

水锁损害是由毛管压力和贾敏效应产生的附加压力引起的。水锁会使储层的渗透性受到严重损害甚至完全丧失,所以在油气田开发过程中需要尽量避免水锁效应,一旦发生,造成的损失将是非常惨重的。低渗透储层由于孔喉细小,毛管力更大,所以极易发生水锁损害,且损害严重。

2) 水敏损害

低渗透储层一般在低能环境(近源沉积或远源沉积)中形成,其成分和结构的成熟度都比较低,黏土矿物和杂基的含量较高。黏土矿物中的蒙脱石和一些伊/蒙混层容易与淡水或低盐度的水发生反应,从而导致黏土矿物膨胀。低渗透储层孔喉细小,黏土的膨胀会导致储层孔喉大幅度减小,有时对储层渗透率的损害甚至超过90%。

3) 应力敏感性损害

低渗透储层的应力敏感性很强,围限压力的增加会引起储层的渗透性急剧变差,通常降低1/10~1/2。这是由于致密储层中存在许多扁平或片状的喉道及毛细管,片状喉道会随围限压力的增大而关闭,从而造成渗透率大幅度降低。这种敏感特征与岩石的致密性密切相关,岩石越致密,其应力敏感性越强。低渗透储层一般都发育有裂缝,而裂缝会随有效应力的增加逐渐闭合,使储层的渗透性严重降低。

4) 结垢

结垢是由于外来流体与储层流体不配伍而产生的无机物沉淀或有机物沉淀。这些沉淀会吸附在岩石表面成垢,缩小孔道或堵塞运移流动通道,造成储层的严重损害。常见的无机沉淀有碳酸钙、硫酸钡、硫酸钙、硫酸锡等,这些沉淀的产生是由于外来流体与地层流体不配伍或地层流体的原有平衡遭到破坏,沉淀越多,储层损害越严重。有机沉淀主要包括井眼附近地带的石蜡、沥青质及胶质,容易造成储层的渗流通道堵塞,储层的润湿性发生反转,导致储层渗流能力下降。有机沉淀的产生有两个原因:一是外来液体与地层流体不配伍;二是外界条件改变打破了地层原有的化学平衡。低渗透油田的开发往往通过采用同步注水的开采方式来保持地层压力,如果注入水与储层矿物或流体不配伍,就容易产生沉淀堵塞孔喉而造成损害。

5) 微粒运移

微粒运移指储层孔隙系统中的微粒在高剪切速率下发生运移而造成地层损害。由于碎屑岩中易于产生运移的黏土矿物含量较高,因此这种损害一般发生于碎屑岩地层中。一般情况下,可以通过以下方式来解决储层发生的微粒运移损害:降低生产速率;通过高密度射孔使流动面积增大;压裂生成裂缝以降低孔隙流速;运用化学稳定剂将运移的微粒粘在孔隙表面上。

6) 外来固相侵入

外来固相侵入是指在过平衡压力条件下,外来流体中悬浮的固相侵入近井地带的储层孔隙中堵塞孔喉而导致的地层损害。外来固相可能是钻井液中的固体颗粒注入水中的悬浮微粒。

7) 乳状液堵塞

最常见的油包水型乳状液的黏度很高,因此很容易产生乳状液堵塞孔喉而损害储层。此外,属于稳定乳状液范畴的泡沫油中的油为连续相,小的气泡为非连续相,它的黏度要比无泡沫油高很多。

8）润湿性反转

油田作业流体中的许多添加剂在侵入储层后容易吸附在颗粒表面上，改变储层岩石的润湿性。通常储层岩石是亲水的，由于发生润湿反转而变为亲油，在水驱油过程中，毛细管力就会变成驱油的阻力，从而影响油田的采收率。

基于储层伤害主要因素以及多套压力储层系统，有必要评价引起伤害的主要控制因素和影响规律，并建立分层界面方程，对储层伤害进行预测，进而对多套储层伤害敏感性进行评价和机理分析，提出储层敏感性系数及其计算模式、表面电荷特征系统分类模式及其与储层水敏性的相关规律、储层损害与温度变化之间的相关规律等，最后根据储层伤害敏感性分析、储层伤害机理、储层伤害预测技术提出多套压力作用下储层伤害防止与处理技术，系统研究屏蔽式暂堵技术工艺优化设计的多元相关分析法及储层屏蔽式暂堵特性。

第 2 章　大段泥页岩构造地质特征

2.1　大段泥页岩区域构造背景

吐哈盆地在大地构造格架中位于哈萨克斯坦板块的东南部,处于哈萨克斯坦、西伯利亚和塔里木板块的拼贴交汇地带(图 2-1)。其东北部的麦钦乌拉山和南部的觉罗塔格山复合于盆地东端,它们均是晚古生代三大板块先后碰撞而形成的岛弧造山带,觉罗塔格山作为弧前增生冲断体,部分仰冲到准-吐地块上,后经多次剥蚀逐渐夷为平地,部分成为吐哈盆地南部的上层褶皱基底,其主体在晚二叠世以来一直处于隆升剥蚀状态,是盆地三叠系、侏罗系的主要物源供给区;盆地北缘的博格达山则是晚古生代板内陆间裂谷(岛弧)回返而成为冲断造山带,裂谷南翼成为盆地基底的一部分,其主体在晚二叠世以来经历多次冲断造山,晚侏罗世以后,博格达山取代觉罗塔格山成为盆地的主要物源供给区。该盆地是新疆境内三大沉积盆地之一,面积约 4.86×10^4 km²,在地质构造上可分为东西两大坳陷与中间隆起三部分。西部为吐鲁番坳陷,面积约 2.1×10^4 km²;东部为哈密坳陷,面积约 1.5×10^4 km²;中部为了墩隆起,面积约 1.25×10^4 km²。从新的地震资料看,了墩隆起南隆北不隆,北部是连

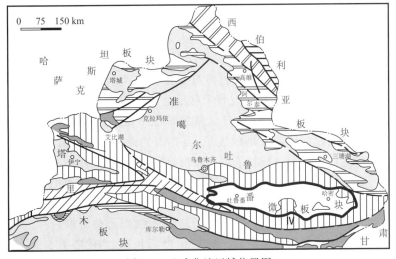

图 2-1　吐哈盆地区域位置图

接东西两大坳陷的通道。吐哈盆地充填有从二叠系至第四系的陆相沉积,最大沉积厚度超过8 700 m。其中,吐鲁番坳陷以侏罗系为主,但也发育二叠系、三叠系,呈北厚南薄、北断南超的不对称面貌;哈密坳陷以三叠系和二叠系为主,但侏罗系也存在,最大沉积厚度超过6 000 m。吐哈盆地主要的生油层是下侏罗统八道湾组(J_1b)煤系、中侏罗统七克台组(J_2q)、上二叠统塔尔朗组(P_2t)与中上三叠统小泉沟群($T_{2-3}xq$)的深—半深湖相泥岩,主要的储油层是这些生油层间互和与之交变的同期砂岩,已经证实侏罗系西山窑组(J_2x)、三间房组(J_2s)、七克台组与中上三叠统的克拉玛依组($T_{2+3}k$)是主要的含油层位。

石炭纪末,由于陆间洋壳俯冲殆尽、弧陆碰撞拼贴造成强烈的板缘造山运动,在觉罗塔格和哈尔里克地区普遍发育象征造山作用结束的花岗岩。这些岩体分布广、规模大、数量多,侵入的最新地层为中石炭统,奠定了吐哈盆地与南北界山构造体系的基本格局。在此框架下,吐哈盆地先张后压,经历了伸展裂陷盆地(P_1)和多旋回冲断造山前陆盆地(P_2—Q),其中前陆盆地又可划分为 4 个旋回,分别为成盆期(P_2—T_1)、泛盆期(T_{2-3}—J_3)、萎缩期(K—E_2)和再生期(E_3—Q)。研究区位于盆地西部博格达山、喀拉乌成山和觉罗塔格山汇聚部位,处于历次成盆-造山运动的活跃期,继承性差。

二叠纪早期是亚洲北大陆碰合后的松弛期,在区域性拉张环境下,吐哈盆地及其邻区发育了一系列水域不通的裂谷和断陷盆地,分别是阿其克布拉克断陷盆地、托克逊-台南断陷盆地、大南湖裂谷盆地和博格达-哈尔里克裂谷盆地。博格达-哈尔里克裂谷盆地在区域拉张背景上应运而生,继承了弧后陆间裂谷的特点。在现今盆地北缘山前一带普遍出露下二叠统,多为一套火山岩、火山碎屑岩及泥岩组合,产陆相动植物化石,为依尔希土组。该组地层岩性厚度横向变化大:在盆地西北缘桃西沟剖面上,底部为火山角砾岩、凝灰岩,中间为巨厚的陆源碎屑岩,顶部为安山岩;在中北部恰勒坎、二塘沟和照壁山一带,下部为残留海相沉积,发育粗碎屑岩、硅质岩、灰岩、安山岩和凝灰岩,晚期转变为淡化湖,主要沉积了一套黑色泥岩夹泥灰岩,上部三个剖面泥岩厚度分别为 140 m,140 m 和 90 m,有向东减薄的趋势。依尔希土组火山岩具有双模式组合特征,为裂谷型火山岩组合,另外博格达山南北两翼下二叠统滑塌角砾岩和冲刷槽模特点反映出南北双向物源,综合分析认为该裂谷盆地为中部深、南北浅、西深东浅的狭长槽盆。从现已掌握的资料来看,在早二叠世这些盆地彼此为古隆起分隔,互不相通,整体呈现盆岭构造格局,多点分散,出现时间短,未能在吐哈地区形成水域连通的大型盆地,随即为后续的逆冲造山作用消磨殆尽。早二叠世以后,北大陆完全转入板内演化,吐哈盆地开始了前陆盆地的演化阶段。

吐哈盆地局部构造十分发达。目前已发现局部构造72个,主要是背斜和断背斜,占总数的81.9%,它们成群成带分布,集中发育于盆地七大断裂背斜带上。局部构造的生成多与扭压冲断作用有关,最早产生于三叠纪末,大规模形成于侏罗纪末与第三纪末。局部构造的形成与迁移具有从古隆起向凹陷发展的规律,因此古构造多与古隆起、古斜坡相配位,而凹陷内部则多为新构造。局部构造往往表现高幅度、两翼不对称、深浅层高点不吻合以及塑性地层在核部不同程度加厚等特点,可划分出正花状、反转、扭背斜、牵引背斜、冲断背斜与短轴背斜等构造样式,统一于扭动、冲断以及与基岩隆起有关的三大构造组合之中。

晚古生代,西伯利亚、塔里木、准-吐三大板块进入强烈运动时期,晚石炭世中期的博格达运动使西伯利亚板块沿额尔齐斯断裂一线与准-吐板块碰合,使塔里木板块沿底坎尔-大南湖断裂一线与准-吐板块拼合,博格达陆间裂谷封闭。晚石炭世晚期至早二叠世,残存海水仅限于吐哈盆地北缘博格达—哈尔里克山前大断裂以北。海西晚期运动结束了残留海内的海相沉积,博格达断褶隆起形成,觉罗塔格隆起定型。

1. 盆地初期(P_2)

由于海西晚期运动,残留海水北退,南北挤压应力作用形成了吐哈山间盆地,盆缘深大断裂活动控制着盆内相带分布,沉积了第一套较稳定的陆相盖层,沉积中心和沉降中心在艾维尔沟—桃树园一带及三道岭—哈密—库莱一带。受盆地北缘博格达—哈尔里克山前大断裂活动的影响,晚二叠世早期沿盆地北缘发育冲积扇群,托克逊—柯柯亚一带发育湖泊相带。晚二叠世中期,湖泊相带占主导地位,沿博格达—哈尔里克山前大断裂至盆地中央均为湖泊占据,沉积了一套富含有机质的深湖—浅湖相暗色泥岩,湖泊相带的南部发育三角洲沉积,此时博格达为水下隆起。晚二叠世晚期,湖盆萎缩并被河流相及洪泛盆地相充填。

2. 盆地早期(T—J)

三叠纪的沉积范围小于晚二叠世,但有一定的继承性。沉降中心在北部凹陷区及五堡凹陷区,沉积中心位于吐鲁番—连木沁及哈密—五堡一带。早三叠世,沉积范围较小,沿博格达褶断带南缘发育不连片的冲积扇及扇前辫状河流相带;中三叠世,沿博格达褶断带前缘出现冲积扇群,这标志着博格达山的隆升,在扇群之前为河湖相带,湖泊中心位于吐鲁番—连木沁一带;晚三叠世,沉积面积有所扩大,湖泊相带占据了盆地主体,桃树园—鄯善一带三角洲相带发育,并沉积了一套暗色泥页岩。

侏罗纪是盆地演化的重要时期。早侏罗世早期,五堡地区、托克逊—鄯善一带为湖泊及沼泽相带,晚期为一次湖进过程,盆地大部被湖泊占据;中侏罗世,沉积范围最广,向南超覆,北部凹陷区三角洲相带发育,大南湖—沙尔湖凹陷以湖泊—沼泽相带为特征,五堡凹陷以三角洲—沼泽相带为主,河流相仅限于盆缘;因博格达山的隆起,晚侏罗世沉积面积大大缩小,仅限于北部凹陷区,主要为干旱条件下的湖泊沉积,盆缘发育冲积扇及扇缘河流相沉积。

3. 盆地中期(K)

由于侏罗纪末的燕山早期运动,边缘山系进一步隆升,沉积面积大大缩小,并受炎热、干旱气候的影响,沉积了一套膏盐及泥岩。五堡、吐鲁番—连木沁为湖泊相带,至晚白垩世湖盆封闭。

4. 盆地晚期(E—Q)

白垩纪末的燕山晚期运动使盆缘大断裂复活,盆缘山脉抬升,盆地中央沉降并广泛沉积了一套含盐碎屑岩。在此时期,受印度板块向北的强烈挤压作用,盆内发生最强烈的构造变动,使得前期断裂复活,改造并形成局部构造。

2.2 大段泥页岩沉积背景

2.2.1 地层分布特征

吐哈盆地在前寒武系结晶基底上沉积充填了中上石炭统至第四系完整的沉积层序,包括上二叠统、三叠统、侏罗系、白垩系、第三系和第四系六大套地层，最大沉积厚度超过 9 000 m（表 2-1）。

表 2-1 吐哈盆地地层简表

地层单位			地层名称及代号		接触关系
界	系	统			
新生界	第四系 Q	全—更新统			不整合
	第三系 N—E	上新统	葡萄沟组 N_2p		不整合和假整合
		渐—中新统	桃树园组 $(E_3—N_1)t$		整合
		始新统	鄯善群 $(K_2—E_2)sh$	巴坎组 E_2b	整合
		古新统		台子村组 E_1t	整合
中生界	白垩系 K	上统		苏巴什组 K_2s	不整合和假整合
				库木塔克组 K_2k	不整合和假整合
		下统	吐谷鲁群 K_1tg	连木沁组 K_1l	整合
				胜金口组 K_1sh	整合
				三十里大墩组 K_1s	不整合和假整合
	侏罗系 J	上统		喀拉扎组 J_3k	整合
				齐古组 J_3q	不整合和假整合
		中统		七克台组 J_2q	整合
				三间房组 J_2s	不整合和假整合
		下统	水西沟群 $J_{1-2}sh$	西山窑组 J_2x	整合
				三工河组 J_1s	整合
				八道湾组 J_1b	整合和局部不整合
	三叠系 T	上统	小泉沟群 $T_{2-3}xq$	郝家沟组 T_3h	整合和局部不整合
				黄山街组 T_3hs	整合和局部不整合
				克拉玛依组 $T_{2-3}k$	不整合和假整合
		下统	上仓房沟群 T_1cn	烧房沟组 T_1s	整合
				韭菜园组 T_1j	整合
晚古生界	二叠系 P	上统	下仓房沟群 P_2cn	锅底坑组 P_2g	整合
				梧桐沟组 P_2w	整合
				泉子街组 P_2q	整合
			桃东沟群 P_2td	塔尔朗组 P_2t	整合
				大河沿组 P_2d	不整合
		下统		依尔希土组 P_1y	不整合
	石炭系 C				不整合

其中,石炭系—上二叠统为海相火山沉积层序,大致以盆地中央断层为界南北两分,北部为受博格达裂谷控制形成的小型被动陆缘-前陆沉积组合,南部为与北天山大洋褶皱带有关的前陆充填;上二叠统—中侏罗统为前陆-再生前陆沉积组合,为盆地主力生烃层系;上侏罗统—第四系为背驮式山间充填沉积组合,其中上侏罗统为主力储集层系。

二叠系出露于盆地边缘,盆地内仅少数井钻遇。下二叠统依尔希土组主要分布在盆地东部,为一套火山碎屑岩、火山岩沉积,上部夹一套深色碎屑岩及碳酸盐岩;上二叠统为一套河湖相碎屑岩沉积,主要为灰黑色、黄绿色夹紫红色泥岩,并夹有砂岩和少量砾岩及煤线。上二叠统在盆地北部分布较广,是盆地的深部生油层系。

三叠系在北部凹陷发育较广,为一套上黑下红的河湖相碎屑岩,上统小泉沟群顶部郝家沟组为深灰色泥岩、砂质泥岩夹薄煤层,底部剖面见灰黄色砾岩,小泉沟群变为盆地的有利生油层之一;下统上仓房沟群砂岩增多,颜色也由灰黄色变为褐红色。

侏罗系在盆地中发育最好、分布最广、沉积最厚,也是最主要的生储油层。侏罗系下部的水西沟群为煤系地层,岩性主要为暗色泥岩夹灰色砂岩、砾状砂岩和煤层;中统三间房组和七克台组以暗色泥岩为主,夹有砂岩、薄煤层和油页岩,其下部出现杂色泥岩;上统主要为红色碎屑岩,齐古组以平原河流相红色砂质泥岩、泥岩为主,是区内主要盖层,喀拉扎组主要为冲积-河流相杂色砂砾岩夹砂岩、砂质泥岩。

白垩系是在干热条件下形成的一套收缩性沉积,主要是河流相红色碎屑岩。

第三系鄯善群为厚层棕红色泥岩、砂质泥岩及杂色砾岩组成的下粗上细的旋回;桃树园组为平原河流相棕红色及土黄色砂质泥岩、泥岩,具杂色底砾岩,并含石膏及石膏脉;上新统葡萄沟组为冲(洪)积相杂色砾岩、砂岩夹土黄色砂质泥岩。

第四系广布于全盆地,岩性为洪积、冲积相杂色砾岩,灰黄色黏土质砂层和砂质黏土层及风成砂。

2.2.2 沉积特征

晚二叠世,在桃树园等盆地北侧,沉积构造显示沉积物的搬运方向为由西南向东北;在盆地东部的库莱地区,沉积物的搬运方向则由西北向东南。

在库莱地区,早三叠世曲流河沉积所形成的砂岩及砾岩的古流向参数显示,沉积物的平均搬运方向为151°;中、晚三叠世在盆地边缘(如艾维尔沟和桃树园地区)主要为冲积扇及辫状河沉积。在艾维尔沟,沉积物搬运方向由西南向东北;在中三叠世桃树园地区的古流向为271°,但在柯柯亚地区则为112°,表明在它们之间存在一古隆起。

早侏罗世,在盆地东部古流向为从西北向东南;而在盆地西部古流向参数显示博格达山为沉积区;中侏罗世,奇台古陆在西山窑组沉积时是盆地北部地区的重要物源区,沉积物搬运方向由北向南,在鄯善古流向为188°,在艾维尔沟古流向则为193°,在三间房组及七克台组沉积时,盆地中部的碎屑粒度由南向北逐渐变细,古流向参数也显示沉积物搬运方向主要由南向北;晚侏罗世,早期沉积物主要来自南部邻近地区,而在喀拉扎组沉积时,地层厚度由北向南逐渐减薄,碎屑粒度逐渐变细,盆地北部边缘发育大量冲积砾岩,这些证据显示,在晚侏罗世后期,沉积物应来自盆地北部物源区。

白垩系主要出露于盆地北部及中部,厚度由北向南逐渐减薄,粒度变细;第三系则出露于整个盆地,最大地层厚度在盆地北部及中部。白垩系及第三系沉积物的主要搬运方向均是由北向南。

吐哈盆地从晚二叠世到晚第三纪经历了复杂的、多旋回的沉积构造演化,造成主要地层间的不整合接触关系。在每一旋回中,沉积环境大体上从河流冲积相向湖泊沼泽相演变。晚二叠世,吐哈盆地基本为非海相沉积,盆地中部为湖泊相;在盆地北部及西部,该套地层底部主要为近源冲积及河流相快速搬运沉积的砂砾岩,同期的博格达山大部分地区则接受了海相沉积,仅局部有隆起存在。沉积物搬运方向在盆地北部及桃树园地区为由西南到东北,在盆地东部则为由西北到东南;在盆地南部边缘基本未接受沉积。二叠纪末发生的海西运动对该区有明显影响,造成二叠系与三叠系在桃树园—托克逊一带以西呈角度不整合接触,总体上三叠系下部由红色粗粒碎屑岩组成,上部为暗色细粒碎屑岩夹煤层及煤线,分别代表冲积及湖泊河流相沉积环境,沉积气候由干旱转变为湿润。在库莱,沉积物搬运方向为由西北到东南;在盆地西南边缘(如艾维尔沟),搬运方向则为从西南到东北。

下、中侏罗统主要由灰色、灰绿色碎屑岩夹煤层组成,形成于湖泊-沼泽环境中;上侏罗统为杂色粗粒碎屑岩,为干旱气候条件下山麓河流环境的产物。在盆地东部,沉积物搬运方向与三叠系相同,仍是由西北到东南;在盆地西部,除西山窑组以外搬运方向主要为由南向北,在西山窑组,多数古流向参数为由北向南。博格达山大部在早、中侏罗世仍主要为沉积区;在中侏罗世末,沉积气候由湿润逐步变为干旱;到晚侏罗世,盆地主要接受了红色沉积。沉积物搬运方向在上侏罗统下部为由南到北,在上侏罗统上部则为由北向南。

到白垩纪,沉积面积较先前大为缩小,白垩系与侏罗系也呈角度或平行不整合接触,主要沉积区位于盆地中部和北部,以湖泊环境为主;第三纪沉积范围扩大到整个盆地,辫状河流冲积相粗碎屑沉积构成第三系下部的主体,上部则为湖泊相细粒沉积,气候干旱炎热,局部出现盐湖沉积。沉积物搬运方向均为由北向南。

2.3 大段泥页岩沉积微相特征

吐哈盆地是在早古生界褶皱基底之上发育的沉积盆地,盆地北接博格达山,南与觉罗塔格毗邻。盆地沉积地层包括古生界石炭系、二叠系,中生界三叠系、侏罗系、白垩系以及新生界第三系和第四系,最大沉积厚度超过 9 000 m(图 2-2)。下面介绍不同时期岩相古地理面貌及沉积地层特征和展布。

2.3.1 上二叠统(P_2)沉积微相特征

1. 大河沿组(P_2d)

上二叠统大河沿组是博格达山褶皱回返以后吐哈盆地最早接受的一套冲积扇向扇三角洲发展的水进型沉积体系。大河沿组下部主要为粗碎屑的冲积扇相"磨拉石"建造,向上水体扩张,扇三角洲发育。

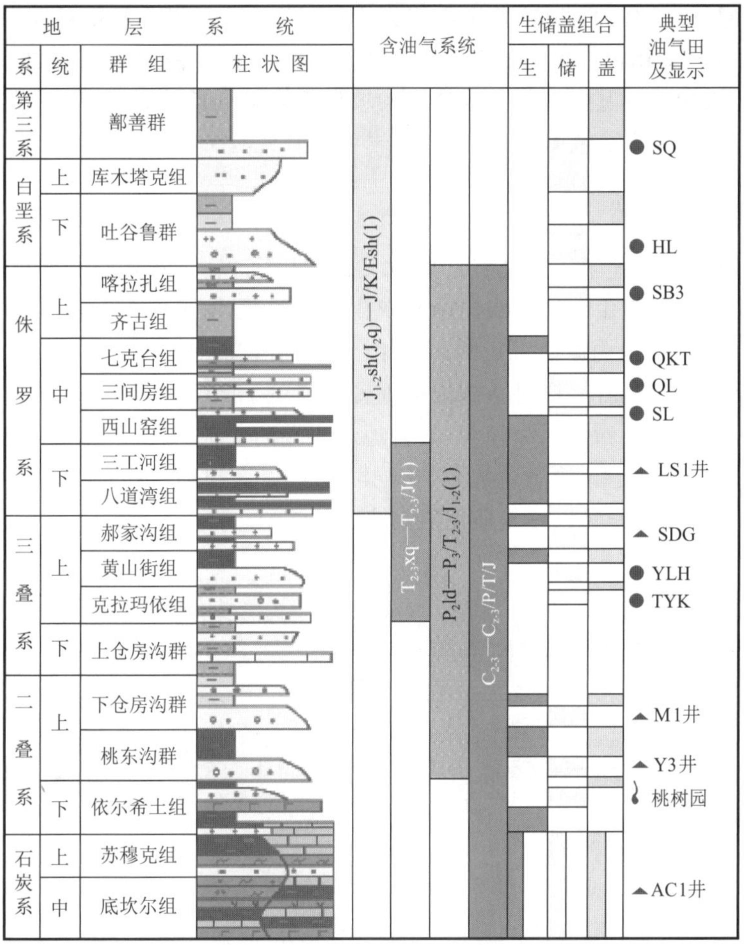

第2章 大段泥页岩构造地质特征

图 2-2 吐哈盆地沉积地层及生储盖组合特征

平面上大河沿组沉积受南北两大物源控制,由于盆地坳陷较深,因此主要发育短轴向的冲积扇-扇三角洲-湖泊相沉积体系(分别为由南向北和由北向南,图 2-3)。从现有资料推测,大河沿组沉积体系已经相当不完整,北部冲积扇相仅在桃树园地区有保留,而在南部基本已剥蚀殆尽。总体来看,现存的该套地层主要以三角洲前缘亚相为主,湖泊相分布范围有限。扇三角洲广泛发育于艾维尔沟、托克逊南部、台南、台北南部、哈密北侧和大南湖地区,形成

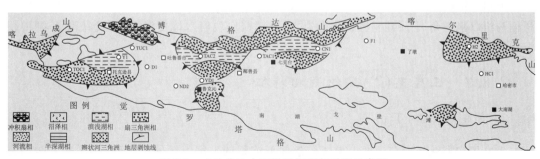

图 2-3 吐哈盆地大河沿组沉积相平面示意图

南北山前两大扇群。湖泊相以滨浅湖亚相为主,发育于托克逊 Y1 井附近、台北 TAC2 至 CN1 井一线。冲积扇相仅以桃树园剖面为代表,岩性主要为各种紫色、褐色、红色砾岩和砂砾岩以及砂岩,其中尤以其底部红色分选差的坡积砾岩最具指相意义;扇三角洲前缘亚相以 TOC1 井为典型,岩性为灰色厚层砂砾岩、砾岩和砂岩夹薄层灰色泥岩。

2. 塔尔朗组(P_2t)

塔尔朗组是吐哈盆地第一次具有重要意义的湖侵沉积层序,其原始沉积范围远比现在所分布的大,其沉积体系由盆地边缘向中心变化的趋势是:扇三角洲—滨浅湖—半深湖—深湖相(图 2-4)。目前盆地内原始沉积的边缘相已大部分被剥蚀,仅在三堡凹陷东北侧有少量残存。该期湖泊沉积广而深,广是指湖泊范围曾经覆盖了除了墩隆起以外的整个盆地,深不仅指湖泊中心水深,而且指深水面积大,如盆地最西端的艾维尔沟、北缘的塔尔朗、恰勒坎以及台南凹陷均发现了湖泊相的黑色泥页岩,同时在托克逊凹陷可能存在一个独立的闭塞湖区,碎屑物供应匮乏,沉积物以白云质泥岩为主。

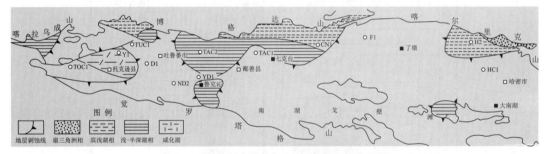

图 2-4 吐哈盆地塔尔朗组沉积相平面示意图

扇三角洲仅在三堡凹陷库莱剖面发现,且以前缘亚相为主,岩性主要为浅灰、灰绿色薄—中层状砂岩夹深灰色、灰黑色泥岩、粉砂质泥岩,含丰富的钙质结核及巨大硅化木;滨浅湖亚相沉积以照壁山剖面最为典型,岩性以灰绿、黄绿色泥岩为主;深湖相则以恰勒坎剖面最具代表性,岩层颜色深、粒度细、泥质纯、层理发育。

3. 下仓房沟群(P_2cn)

下仓房沟群的沉积特点基本类似于大河沿组,只是地层残留范围更小。其纵向上总体为一下粗上细的水进旋回,下部泉子街组以冲积扇-扇三角洲-湖泊相沉积体系为特点,中部梧桐沟组以扇三角洲-浅湖相沉积体系为主,上部锅底坑组水体变浅,主要发育河流-湖泊相沉积体系。

2.3.2 三叠系(T)沉积微相特征

1. 上仓房沟群(T_1cn)

上仓房沟群是一套在极度干旱气候条件下沉积的下细上粗的红色碎屑岩,这一时期在吐哈盆地可能不存在真正意义上的水体,下部(韭菜园组)主要发育均匀沉积的红色泥岩,上部(烧房沟组)的沉积作用大于沉降作用,因此沉积物逐渐变粗,以砂岩为主。上仓房沟群地层残留范围也较小。

韭菜园组主要发育冲积扇沉积体系,由于物源区高差小,碎屑物供应并不十分充分,因而冲积平原特别发育,从现有的露头和钻井资料分析,该组仅在桃树园地区、柯柯亚一带和三堡凹陷东北侧保留了一部分扇中沉积,其余广大地区均以冲积平原沉积为主;烧房沟组主要发育冲积扇-河流沉积体系,现今盆地内保留的大多为河流相。

2. 克拉玛依组($T_{2-3}k$)

经过早三叠世末的克拉玛依运动后,吐哈盆地进入了新一轮的构造沉降和湖盆扩张期,克拉玛依组就是在这种背景下沉积的。克拉玛依组沉积早期构造活动强烈,物源供应充足,沉积了一套以冲积扇相为主的碎屑岩;晚期构造活动明显减弱,泥质成分增加。

克拉玛依组南北物源供应相当丰富,在南北山前围绕各个山口广泛发育了数量众多的冲积扇,这些冲积扇在侧翼交叉重叠,形成了几乎可以在满盆分布的河流相建造。总体来看,克拉玛依组主要发育冲积扇-河流相沉积体系,水体范围非常小(图2-5)。

图2-5 吐哈盆地克拉玛依组沉积相平面示意图

冲积扇相以AC1井为代表,岩性为大套的杂色砂砾岩夹浅灰色薄层泥岩及灰色细砂岩,砾石成分以玛瑙为主;河流相以TOC1井油层段最为典型,岩性下粗上细,二元结构十分清楚,底部河床微相沉积完整,河床滞留沉积、心滩均有保留,上部泛滥平原微相特征明显。

3. 黄山街—郝家沟组(T_3hs—T_3h)

黄山街—郝家沟组是吐哈盆地第二次具有重要意义的湖侵沉积层序,但与塔尔朗组相比,其深水区范围明显减小,砂体范围明显扩大。根据沉积相推断黄山街—郝家沟组原始的沉积范围较现在的分布区大,并且从现有资料分析,目前的地层分布区基本完全被当时的湖泊所覆盖。研究发现,从黄山街组到郝家沟组是一个水退沉积序列。

平面上,黄山街—郝家沟组也发育双向的扇三角洲-湖泊相沉积体系。扇三角洲相主要分布在盆地两侧,在托克逊、台北凹陷南部分布较广,最北可以到达TOC1井、D1井一线,在盆地北侧保留较少,仅山前小范围内有发现,相对来说三堡凹陷北部最为发育,向南可达SP1井一带。总体来说,该套地层湖泊相主要以滨浅湖亚相为主,半深湖亚相仅发育于可尔街至TOC2井一带(图2-6)。

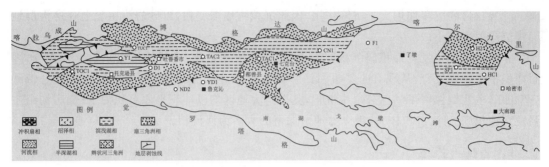

图 2-6 吐哈盆地黄山街—郝家沟组沉积相平面示意图

该组扇三角洲相沉积代表剖面很多,以 H2 井含油段为例,其岩性主要为厚层状的灰色细砂岩、含砾砂岩与灰色泥岩的互层;滨浅湖亚相以 D1 井为例,岩性主要为厚层状灰色泥岩夹灰色细砂岩、含砾砂岩等;在 TOC2 井发现半深湖亚相,岩性主要为厚层状灰色泥岩夹灰色细砂岩、含砾砂岩等。

2.3.3 侏罗系(J)沉积微相特征

1. 八道湾组(J_1b)

八道湾组沉积时期是吐哈盆地沼泽相极其发育的时期之一。八道湾组沉积时,早期的一些低隆起多被剥蚀夷平,一些低洼地也多被填平补齐,沉积区内地形趋于平缓,气候温暖潮湿,植物繁茂,盆地内河流纵横交错,发育湿地扇、扇三角洲、废弃三角洲以及滨浅湖等,堆积了一套巨厚的含煤碎屑岩建造。这一时期湖区主要分布在吐鲁番坳陷,以托克逊凹陷中央水体最深,三堡凹陷中水体分布十分局限,仅发育于近北部山前的四道沟一带。

平面上,托克逊凹陷主要以沼泽相和滨浅湖相沉积为主,北侧发育以滨浅湖为背景的四道沟扇三角洲(图 2-7)。

图 2-7 吐哈盆地下侏罗统八道湾组沉积相平面示意图

2. 三工河组(J_1s)

三工河组是吐哈盆地第三次分布较为广泛的湖侵沉积层序。这一次湖侵尽管波及吐鲁番和哈密坳陷的大部分地区,但湖泊水体深度不大,岩性以灰绿色、灰色泥岩为主,夹薄层泥灰岩,缺乏深湖亚相的沉积。

三工河组以滨浅湖亚相发育为典型,在吐鲁番坳陷南斜坡、了墩隆起西侧可见一定范围的湿地扇和三角洲分布,在东南部 HC1 附近、四道沟地区有湿地扇、扇三角洲残留(图 2-8)。总体来说,该套地层生烃性比储集性更重要。

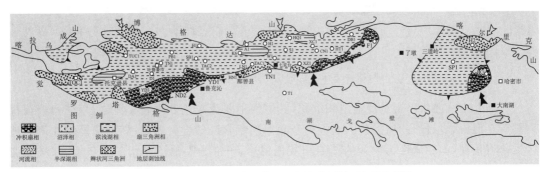

图 2-8 吐哈盆地下侏罗统三工河组沉积相平面示意图

3. 西山窑组(J_2x)

西山窑组沉积广泛,厚度巨大,根据其沉积体系特点可以分为早、晚两期。

西山窑组早期沉积是三工河组湖盆淤浅后沼泽化的产物,这一时期地势更为平缓,沉积范围进一步扩大,植被再次繁盛,发育了以湖泊沼泽相为主的第二套含煤沉积建造,与八道湾组一起构成了盆地内水西沟群两套独特的煤系生烃层系。西山窑组沉积早期沼泽相主要分布于胜北、丘东、小草湖洼陷和三堡凹陷南部四个地区;湖泊相在托克逊、柯西、萨克桑发育;湿地扇在艾丁湖斜坡、七角井地区发育;扇三角洲在乌苏至伊拉湖、鄯善至温吉桑、桃树园、照壁山和四道沟地区发育(图 2-9)。

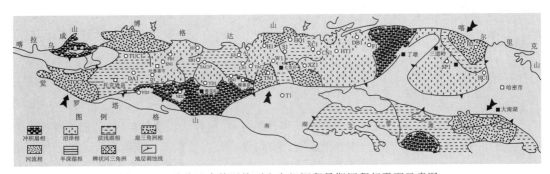

图 2-9 吐哈盆地中侏罗统西山窑组沉积早期沉积相平面示意图

西山窑组沉积晚期是吐哈盆地侏罗系重要的砂体发育时期之一。这一时期北部博格达山的隆起有所加强,盆地向北加速倾斜,改变了南部觉罗塔克山长期提供物源的时代,博格达山成为盆地北部的一个主要物源区。此时期气候逐渐向干热转化,基本结束了广盆沼泽化沉积时期,山前和南部发育多个湿地扇体系(图 2-10)。

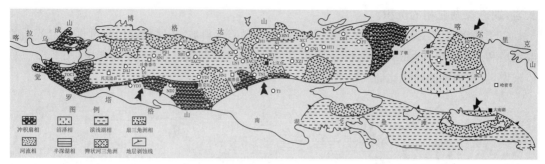

图 2-10　吐哈盆地中侏罗统西山窑组沉积晚期沉积相平面示意图

TOC1井钻遇西山窑组湿地扇相沉积,其岩性主要为灰色砂砾岩夹泥岩;扇三角洲沉积以鄯善至温吉桑层段最具代表性,岩性为灰色厚层状含砾砂岩夹泥岩;湖泊沼泽相在鄯勒地区被普遍发现,上部岩性为大套的湖泊相灰色泥岩,下部为湖泊沼泽相灰黑色煤层、炭质泥岩、灰色泥岩与薄层灰色细砂岩的互层。

4. 三间房组(J_2s)

三间房组主要分布在吐鲁番坳陷和了墩隆起北部,其沉积相带的展布也颇具规律性。在北部山前主要发育冲积扇和扇三角洲相带,在坳陷中央主要发育滨浅湖相带,在坳陷南部湖岸线附近主要发育辫状河三角洲相带,在坳陷最南部则主要发育辫状河三角洲相带(图2-11)。

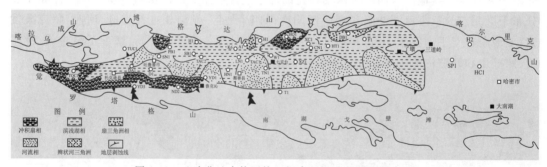

图 2-11　吐哈盆地中侏罗统三间房组沉积相平面示意图

三间房组辫状河三角洲相在台北凹陷南部普遍发育,但作为优质储集层,其前缘亚相最为重要,西部的蒲北、胜金口、红连,中部的丘陵、鄯善、温吉桑以及东部的疙瘩台等含油砂体都是典型的前缘亚相沉积。在DUN1井钻遇冲积扇相,岩性为杂色砾岩夹红色泥岩,杂色砾岩成分杂、粒径粗、分选差,储集性能极差;扇三角洲相在HE1井、DB1井钻遇,岩性与冲积扇相类似,只是泥岩为灰色,储集性能也很差;在丘东地区发现滨浅湖相带,岩性主要为杂色泥岩。

5. 七克台组(J_2q)

七克台组沉积早晚期不同,早期地形相对平缓,主要发育滨浅湖、小型的冲积扇和小型的三角洲沉积体系;晚期湖盆深陷,水体扩张,构成了吐哈盆地第四套湖侵沉积层序。

七克台早期沉积是吐哈盆地侏罗系一套次要的储集油层系,以南部沉积体系为主。由图 2-12 可以看出,在台北凹陷北部,七克台组与三间房组类似,也发育了一系列的冲积扇和扇三角洲;在台北凹陷南部,七克台组可见 2~3 个小型的三角洲;其余广大地区则以滨浅湖亚相为主,滨湖滩砂发育。

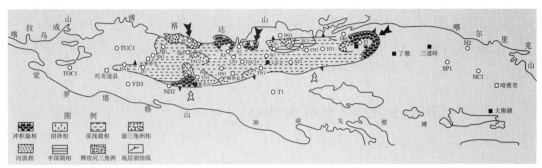

图 2-12 吐哈盆地中侏罗统七克台组沉积相平面示意图

七克台组沉积晚期沉积体系以湖泊相为主,发育胜北、丘东和小草湖三个半深湖区,其他各地以浅湖相为主。

6. 齐古组（J_3q）

齐古组是侏罗系最为重要的区域性盖层,在台北凹陷分布广、厚度大。齐古组总体上粗相带不发育,仅在台北凹陷北部山前陡坡带发育冲积扇和扇三角洲沉积体系,凹陷内以河泛平原和滨浅湖沉积体系为主(图 2-13)。

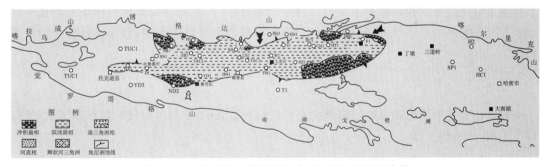

图 2-13 吐哈盆地上侏罗统齐古组沉积相平面示意图

7. 喀拉扎组（J_3k）

喀拉扎组沉积时,湖泊基本已消亡,被冲积扇-河流相环境取代,局限于台北凹陷的中西部,而且保存不完整。在丘陵地区东部,该套地层为冲积扇相,岩性以杂色砂砾岩为主,上部剥蚀较多;向西至胜北洼陷,沉积体系为河流相,岩性下部为河床沉积的细砂岩,上部为堤岸和河漫滩沉积的红色泥岩(图 2-14)。

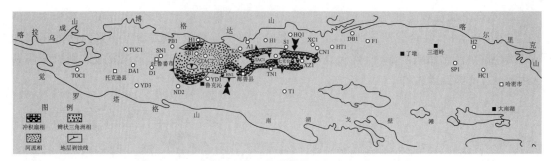

图 2-14　吐哈盆地上侏罗统喀拉扎组沉积相平面示意图

2.3.4　白垩系(K)沉积微相特征

1. 三十里大墩组($K_1 s$)

经过晚侏罗世末的中燕山运动以后,吐哈盆地进入第四轮构造沉降的湖盆扩张期,三十里大墩组就是在这种背景下沉积的。从沉积环境来看,从三十里大墩组开始吐哈盆地又进入了发育南北对称沉积体系的新阶段。这一时期的一个重要沉积特点是盆地南北两侧地形高度相差不大,盆地沉降中心南移,由于古气候干燥,盆地沉积体系仍以双向的冲积扇-河流-湖泊相沉积体系为主,但是水体范围狭小,沉积仅分布于雁木西至胜金口一带,围绕该湖区由里向外发育河流相和冲积扇相环形相带。在三堡凹陷南部,该组主要发育由北向南的冲积扇相沉积体系。在台北凹陷,河流砂体和滨浅湖砂体组成了该组重要的储集类型。

2. 胜金口组($K_1 sh$)

胜金口组是第四轮湖盆扩张期形成的一套湖侵层,以发育滨浅湖沉积体系为特征。胜金口组滨浅湖沉积岩性稳定、分布面积广,但由于后期抬升剥蚀强烈,目前仅分布于中央带周围。

3. 连木沁组($K_1 l$)

连木沁组是第四轮湖盆收缩期形成的一套水退型沉积,下部主要发育滨浅湖沉积,上部湖水干涸,河流相发育。

2.3.5　第三系(N—E)沉积微相特征

1. 鄯善群[$(K_2—E_2)sh$]

从鄯善群沉积开始,吐哈盆地进入第五轮构造沉降的湖盆扩张期。总体来看,鄯善群沉积体系特点基本类似于白垩系的三十里大墩组,只是沉积中心更靠南,现今保存的范围更大。

2. 桃树园组[$(E_3—N_1)t$]

桃树园组是第五轮湖盆扩张期形成的一套湖侵层,以地层分布面积广、石膏层发育为主要特征。一般认为石膏沉积为盐湖相沉积的产物,但是根据古气候研究结果,桃树园期古气候十分干燥,雨水稀少,除了以中央带为中心分布的盐湖相沉积体系外,桃树园组其他广大地区仍以河流相及冲积扇相沉积体系为主。

3. 葡萄沟组（N_2p）

葡萄沟组沉积体系主要为冲积扇-河流相,与下伏的桃树园组相比,湖区已大为收缩,而且以季节性的湖泊为主,水体深度小,沉积物颜色偏红。

2.3.6　第四系(Q)沉积微相特征

第四系分布较为广泛,总体来说,以了墩隆起为界分为吐鲁番和哈密两大沉积区,在吐鲁番坳陷又以中央带为界形成南北两个沉积特点截然不同的凹陷带。在北部凹陷带,第四系以冲积扇沉积体系为主,其岩性粗,相带发育完整;在南部凹陷带,由于高耸的博格达山终年积雪,融化的雪水常年流淌并越过中央进入南部凹陷,在南部聚集成湖,堆积了以细粒为主的泛滥平原或盐湖相沉积。

第 3 章　大段泥页岩异常应力构造与岩石物化特征

3.1　大段泥页岩岩石力学研究方法

3.1.1　岩石力学参数的连续确定

通过静力法确定的岩石力学参数只能是某一点的静态值,而钻井工程师希望获得所要钻遇地层的每一点的力学参数值,这就需要对所要钻遇地层进行连续预测。连续预测主要通过声波、自然伽马、密度、中子等测井方法来实现。声波测井可对动态的泊松比、动态弹性模量及抗拉、抗压强度进行连续预测;密度测井可对岩层密度进行连续预测;自然伽马测井可对岩层泥质含量进行连续预测。总之,根据现有资料,岩石力学参数中的绝大部分都可以进行连续预测。下面具体描述各参数的确定方法。

1. 泊松比 μ_d

泊松比 μ_d 又称横向变形系数,其计算公式为:

$$\mu_d = \frac{(v_p/v_s)^2 - 2}{2(v_p/v_s)^2 - 2} \tag{3-1}$$

$$v_p = \frac{1}{\Delta t_p} \times 10^6 \tag{3-2}$$

$$v_s = \frac{1}{\Delta t_s} \times 10^6 \tag{3-3}$$

式中　v_p——纵波速度,m/s;
　　　v_s——横波速度,m/s;
　　　Δt_p——纵波时差,μs/m;
　　　Δt_s——横波时差,μs/m。

2. 弹性模量 E_d

弹性模量 E_d 表示应力与应变之比,其计算公式为:

$$E_{\mathrm{d}} = \frac{\rho_{岩} v_{\mathrm{s}}^2 [3(v_{\mathrm{p}}/v_{\mathrm{s}})^2 - 4]}{[(v_{\mathrm{p}}/v_{\mathrm{s}})^2 - 1] \times 1\,000} \tag{3-4}$$

式中 $\rho_{岩}$——岩石密度，g/cm³。

3. 泥质含量 V_{cl}

要计算泥质含量 V_{cl}，需先计算自然伽马相对值。所谓自然伽马相对值，是指同一条测井曲线上自然伽马当前值和最小值之差与最大值和最小值之差的比值，即

$$\Delta G_{\mathrm{R}} = \frac{G_{\mathrm{pre}} - G_{\mathrm{min}}}{G_{\mathrm{max}} - G_{\mathrm{min}}} \tag{3-5}$$

式中 ΔG_{R}——自然伽马相对值；

G_{pre}——自然伽马当前值；

G_{max}——自然伽马最大值；

G_{min}——自然伽马最小值。

然后再对泥质含量进行计算，分储层和非储层情形讨论。

对储层：

$$V_{\mathrm{cl}} = \frac{C_1 [2^{(2\times 5 \times \Delta G_{\mathrm{R}} C_2 + S_{\mathrm{ha}} \times C_3)} - 1]}{2^{2\times 5} - 1} \tag{3-6}$$

$$S_{\mathrm{ha}} = \frac{\Delta t_{\mathrm{p}} - t_{\mathrm{m}}}{t_{\mathrm{sh}} - t_{\mathrm{m}} - \phi}$$

$$C_1 = 0.3, \quad C_2 = 0.7, \quad C_3 = 0.85$$

式中 t_{m}——砂岩骨架时差，μs/m；

t_{sh}——干黏土骨架时差，μs/m；

Δt_{p}——纵波时差，泥岩 $\Delta t_{\mathrm{p}} = 270$ μs/m，细砂岩 $\Delta t_{\mathrm{p}} = 240$ μs/m，粉砂岩 $\Delta t_{\mathrm{p}} = 260$ μs/m，致密砂岩 $\Delta t_{\mathrm{p}} = 200$ μs/m，钙质砂岩 $\Delta t_{\mathrm{p}} = 180$ μs/m；

ϕ——孔隙度。

对非储层：

$$V_{\mathrm{cl}} = \frac{2^{2\Delta G_{\mathrm{R}}} - 1}{2^2 - 1} \tag{3-7}$$

4. 抗压强度 S_{c}

抗压强度 S_{c} 表示岩石抗压能力的大小，其计算公式为：

$$S_{\mathrm{c}} = 0.004\,5 E_{\mathrm{d}} (1 - V_{\mathrm{cl}}) + 0.008 E_{\mathrm{d}} V_{\mathrm{cl}} \tag{3-8}$$

5. 抗拉强度 S_{t}

通常抗拉强度 S_{t} 为抗压强度 S_{c} 的 $1/19 \sim 1/6$。一般情况下，抗拉强度 S_{t} 取抗压强度 S_{c} 的 $1/12$，即

$$S_{\mathrm{t}} = \frac{1}{12} [0.004\,5 E_{\mathrm{d}} (1 - V_{\mathrm{cl}}) + 0.008 E_{\mathrm{d}} V_{\mathrm{cl}}] \tag{3-9}$$

6. 黏聚力 C

黏聚力又称内聚力、内摩擦力,其计算公式为:

$$C = 5.44 \times 10^{-15} \rho_{岩}^2 (1 - 2\mu_d) \frac{(1 + \mu_d)^2}{(1 - \mu_d)^2} v_p^4 (1 + 0.78 V_{cl}) \tag{3-10}$$

7. 内摩擦角 φ

内摩擦角 φ 是岩石发生剪切破坏时,破坏面法线方向与最大主应力方向的夹角,其计算公式为:

$$\varphi = a\lg[M + (M^2 + 1)^{1/2}] + b \tag{3-11}$$
$$M = a_1 - b_1 C$$

式中 a, b, a_1, b_1——常数。

对 QD 区块近似有:

$$\left. \begin{array}{l} \varphi = 2.564 \lg[M + (M^2 + 1)^{1/2}] + 20 \\ M = 58.93 - 1.785 C \end{array} \right\} \tag{3-12}$$

3.1.2 吐哈油田 QD 构造岩石力学参数的确定

吐哈油田地层构造复杂,起伏较大,且断块多,不同的区块具有不同的力学性质,这给钻井工作带来了许多困难。下面对吐哈油田 QD 构造岩石的常规力学参数、地应力及坍塌密度的确定分别进行研究,并通过回归界面方程预测岩石力学参数。

1. 常规岩石力学参数的确定

1) 数据文件的建立

由岩石力学参数的连续确定方法和计算公式可知,要计算吐哈油田 QD 构造的力学参数值,需取得声波曲线值、密度曲线值、自然伽马曲线值等。由于资料的限制,能找到这些曲线的井只有 QD7 井、QD8 井、QD21 井,故数据文件主要为这三口井的声波曲线值、密度曲线值和自然伽马曲线值。

建立数据文件时应注意以下几点:

(1) 去掉最大值和最小值。测井曲线上谷点值的偶然性较大,有些值并不是对地层实际情况的反映,而是出于偶然误差,这些值中以最大值和最小值出现的概率最高,故应去掉最大值和最小值。

(2) 输数据时并不是点与点间的距离越小越好,而应根据实际情况灵活对待。点间距过小时,一方面会使计算量大大增加;另一方面,不易跳过偶然误差较大的曲线段,使数据受偶然误差影响的程度增大,不能很好地反映实际情况。

(3) 可取最大值(或最小值)的 1/3(或 2/3)处越过拐点,但对同一曲线要按同一规则或标准。

2) 力学参数值的计算

根据岩石力学参数的连续确定方法,利用建立的数据文件,就可求得待求的力学参数值。需要说明的是,为了方便工程应用,在取测井曲线值时,并非逐点从数据文件中取值,而是以地层上下界面为限,求出各地层数据的平均值。计算平均值的方法为:

$$\overline{X} = \frac{x_1(h_1-h_0)+x_2(h_2-h_1)+\cdots+x_n(h_n-h_{n-1})}{h_n-h_0} \tag{3-13}$$

式中　$\overline{X}$——该段曲线平均值;

x_i, h_i——该段曲线(h_n-h_0)的第i个测井值和井深;

h_0——该段曲线起始点井深,m;

h_n——该段曲线终止点井深,m。

2. 地应力的确定

地应力在岩石中主要以两种形式存在,一部分以弹性能形式存在;另一部分则由于种种原因在岩石中处于平衡状态,以冻结形式存在。研究岩石地应力的目的在于正确认识岩石的力学性能,阐明围岩的破坏机理,充分利用和发挥围岩的自承能力,使工程设计更加合理、安全和经济。

计算或测定地应力的方法有三种:应力恢复法、应力解除法和水力压裂法。利用 QD 水力压裂试验数据计算 QD7 井、QD8 井和 QD21 井的地应力。

1) 水力压裂法计算压裂层地应力的常用方法与步骤

(1) 计算上覆岩层压力 σ_z。

上覆岩层压力由上覆岩层的重量产生,其计算公式为:

$$\sigma_z = 0.009\,8 \sum_{i=1}^{n} \rho_i h_i \tag{3-14}$$

式中　ρ_i——第 i 段岩层的岩石密度,g/cm^3;

h_i——第 i 段岩层的深度,m。

(2) 计算抗拉强度 S_t。

已压开的裂缝闭合后再启泵使其重新张开时不必克服岩层的抗拉强度,因此破裂层的抗拉强度可用破裂压力和重张压力之差表示,即

$$S_t = p_f - p_r \tag{3-15}$$

式中　p_f——破裂压力,MPa;

p_r——重张压力,MPa。

(3) 计算最小主应力 σ_3。

停泵压力是指岩石裂开后平衡状态下的压力,由平衡原理可得:

$$\sigma_3 = p_s \tag{3-16}$$

式中　p_s——停泵压力,MPa。

(4) 计算最大水平主应力 σ_H 和最小水平主应力 σ_h。

由于裂缝总是与最小主应力相垂直,可知:

① 当 $\sigma_3 = \sigma_z$ 时，若 $\sigma_h \neq \sigma_z$，则必有水平裂缝。

此时采用下面两式计算 σ_H 和 σ_h：

$$\sigma_H = \sigma_3 + 4S_t \tag{3-17}$$

$$\sigma_h = \frac{1}{3}(\sigma_H + p_f + p_0 - S_t) \tag{3-18}$$

② 当 $\sigma_3 < \sigma_z$ 时，裂缝为垂直裂缝，此时有：

$$\sigma_h = \sigma_3 - p_s \tag{3-19}$$

$$\sigma_H = 3\sigma_h + S_t - p_f + p_0 \tag{3-20}$$

式中　p_0——地层孔隙压力，MPa。

2) QD 构造压裂层地应力计算

前面给出了计算压裂层地应力的一般方法，但不能直接应用于 QD 构造。这是由于吐哈油田的水力压裂试验与通常方法下的过程有些不同，吐哈油田的水力压力试验没有测出停泵压力 p_s 和重张压力 p_r，只测出了 p_0、破裂压力 p_f 以及在 p_s 和延伸压力 p_{pro} 之间的稳定压力 p_m。其水力压裂曲线图如图 3-1 所示。

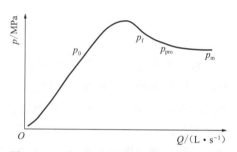

图 3-1　吐哈油田小型水力压裂试验曲线图

因此，首要问题是求出 p_s 和 S_t。计算 p_s 和 S_t 的方法如下：

(1) 计算停泵压力 p_s。

稳定压力 p_m 与 p_s 之间的主要区别是 p_m 要克服压裂液在钻柱和钻头中的压耗。压裂时由于泵入流体的速度很小，钻头上的压降可忽略不计，且流态为层流，因此 p_s 可按下式求得：

$$p_s = p_m - F \tag{3-21}$$

$$F = \frac{0.032L\eta v}{d^2} + \frac{0.016L\tau_0}{3d} \tag{3-22}$$

$$v = \frac{4\,000Q}{\pi d^2} \tag{3-23}$$

$$Q = \frac{\Delta V}{\Delta t} \tag{3-24}$$

式中　F——流体在钻柱中的摩阻，MPa；

　　　v——泵入流体的流速，m/s；

　　　Q——泵入流体的流量，L/s；

　　　d——钻柱内径，mm；

　　　L——钻柱长度，m；

　　　η——流体的塑性黏度，mPa·s；

　　　τ_0——流体的动切力，Pa；

ΔV——泵入流体体积，L；

Δt——泵入时间，s。

(2) 计算抗拉强度 S_t。

利用测井资料可求得岩石的抗拉强度，因此把压裂层的测井曲线值代入 S_t 的计算公式中便可求得 S_t。

有了 p_s 和 S_t 后，地应力便可用前述方法求出，这里不再赘述。但有一点需要说明，p_0, p_f, p_m, p_r, p_s 均是指地层内的压力，而不是指泵的压力。p_f, p_m, p_s 与泵压存在如下关系：

$$p_f = p_{f泵} + 0.0098\rho_l L - F \tag{3-25}$$

$$p_m = p_{m泵} + 0.0098\rho_l L - F \tag{3-26}$$

$$p_s = p_{s泵} + 0.0098\rho_l L - F \quad (F=0) \tag{3-27}$$

式中 ρ_l——钻井液密度，kg/m³。

3）计算非压裂层地应力的方法和步骤

用上述方法只能算出压裂层的地应力，非压裂层地应力可利用压裂层的构造应力系数来计算。构造应力系数具有相对稳定性，对同一口井，各地层的构造应力系数基本相同。其方法如下：

(1) 计算构造应力系数 ζ_1, ζ_2。

由黄荣樽地应力模式可得：

$$\zeta_1 = \frac{\sigma_H - p_0}{\sigma_z - p_0} - \frac{\mu_d}{1-\mu_d} \tag{3-28}$$

$$\zeta_2 = \frac{\sigma_h - p_0}{\sigma_z - p_0} - \frac{\mu_d}{1-\mu_d} \tag{3-29}$$

(2) 计算地应力。

将压裂层的构造应力系数 ζ_1, ζ_2 代入下式即可求得地应力 σ_H 和 σ_h：

$$\sigma_H = \left(\frac{\mu_d}{1-\mu_d} + \zeta_1\right)(\sigma_z - p_0) + p_0 \tag{3-30}$$

$$\sigma_h = \left(\frac{\mu_d}{1-\mu_d} + \zeta_2\right)(\sigma_z - p_0) + p_0 \tag{3-31}$$

3.2 大段泥页岩区域构造应力特征

吐哈盆地山前构造带地应力纵向非均质性主要是由局部构造样式和岩性因素造成的。在强挤压应力处，泥岩电阻率大，相邻储层物性差；在较弱挤压应力处，泥岩电阻率较低，相邻储层物性好。在吐哈盆地中心部位，挤压应力较弱，侏罗系泥岩中欠压实现象普遍发育，利用泥岩声波时差对欠压实的响应灵敏性，结合其他测井资料可以确定欠压实沿井筒方向的分布规律。欠压实分布与现存油气分布在空间上紧密相邻，同时欠压实带附近储层孔渗性能好、产能高，表明欠压实带与储层品质之间存在密切联系，如图 3-2 所示。

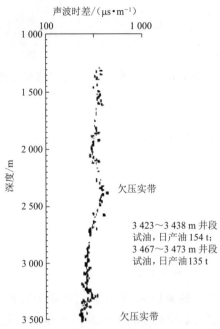

图 3-2 欠压实分布与储层物性关系(PB1 井)

由于欠压实作用和相对较弱的挤压作用都可导致有效地应力降低,造成了有利于优质储层发育的应力环境,这也是优质储层总与低电阻率泥岩相伴的根本原因。虽然欠压实泥岩带和较弱挤压地应力带都表现为相对低电阻率区,且都对应于较低有效地应力带,但它们的成因机制是不相同的(表 3-1)。

表 3-1 QD 构造地层岩性与孔隙压力特征表

层位	深度/m	岩 性	钻井液类型	孔隙压力特征	井下复杂情况
Q	下界:1 175~1 520	砾石层夹砂土,砾石成分以变质岩为主,不胶结	高凝土钻井液		渗漏
N_2p		上部:砾岩、砂质砾岩; 中下部:砾状砂岩、含砾砂岩	聚合物钻井液	正常地层压力	渗漏
N_1t		中上部:砾状砂岩、含砾砂岩夹泥岩和粉砂质泥岩; 下部:砾状砂岩、含砾砂岩与泥岩、粉砂质泥岩不等厚互层			造浆、渗漏
E_2b		上部:泥岩、砂质泥岩与砾状砂岩、含砾砂岩不等厚互层; 下部:砾岩、砂质砾岩夹砂质泥岩、泥质粉砂岩			造浆、渗漏
K_1b		上部:砂质泥岩、泥质粉砂岩夹砾状砂岩、含砾砂岩; 下部:砾状砂岩、砂质砾岩夹粉砂质泥岩、泥质粉砂岩			造浆、渗漏

续表

层位	深度/m	岩　性	钻井液类型	孔隙压力特征	井下复杂情况
J_3q	上界： 1 368～ 1 402 下界： 2 300～ 2 355	泥岩、粉砂质泥岩夹泥质粉砂岩、细砂岩		异常高压	造浆、缩径
J_2q	上界： 2 285～ 2 659 下界： 2 423～ 2 659	灰质泥岩为主，下部夹浅灰色荧光细砂岩、泥质粉砂岩及煤线			垮塌、划眼
J_2s	上界： 2 423～ 3 038 下界： 2 733～ 3 130	灰、紫红、紫色泥岩为主，夹薄层浅灰色粉、细砂岩，底部为灰色、褐色及灰绿色泥岩和泥质砂岩	低甲基聚磺钻井液	异常低压	泥岩互层的砂岩层黏卡、油层漏失
J_2x	上界： 2 990～ 3 038 下界： 3 726～ 4 051	上段：细砂岩、含砾砂岩为主，夹深灰、灰黑色泥岩，炭质泥岩和灰白色泥质粉砂，背斜高点地区(QD7,DS1等)含煤线； 下段：煤层与含砾砂岩、细砂岩、泥质粉砂岩、粉砂质泥岩、深灰和灰白色泥岩、砂质泥岩不等厚互层			
J_1s	上界： 3 434～ 4 051 下界： 3 500～ 4 230	中部：厚层粗砂岩； 上下部：灰、深灰、灰黑色泥岩，浅灰色中砂岩，泥质粉砂岩及煤线不等厚互层			垮塌、漏失
J_1b	4 230～ 4 300	上部：绿灰色砂质泥岩； 中下部：灰、浅灰、灰白粗细砂岩与深灰色泥岩不等厚互层			

由各层段的压力水平及岩性分析得出其推荐的钻头类型。

(1) 西域组:地层厚度为10~150 m,岩性主要是砾石、砂质黏土。从岩石可钻性来看,其级值范围为2.12±1.02;硬度为(136±21)MPa,属极软—软地层;塑性系数为2.6,属中塑地层;岩石抗剪强度为1.05 MPa。按可钻性级值与钻头对应关系(表3-2和表3-3),推荐钻头类型为:ϕ445 mm,X22,XHP2;ϕ311 mm,P2。

表3-2 C_t 指标钻头使用效果统计表

地层代号	钻头尺寸/mm	钻头类型序列	每米钻井成本/(元·m^{-1})	机械钻速/(m·h^{-1})	效率指数	单个钻头进尺/m	钻头扭矩/(kN·m)	钻头个数	可钻性级值	抗拉强度/MPa	抗剪强度/MPa	硬度范围/MPa	塑性系数	岩性
Q	445 445 311 660	X22 XHP2 P2 P1	111.74 144.66 691.74 1 437.6	17.20 3.74 8.39 1.10	0.275 0.007 0.012 0.003	252.00 68.83 97.91 20.34	14.67 25.16 11.67 18.47	2 2 2 6	2.12	1.02	1.05	136±21	2.6	砾石、砂质黏土
Q+N$_2$	445	X23	117.60	17.80	0.272	235.07	13.17	5						
N$_2$p	216 445 445 311 311	J22 P2 XHP2 J11 P2	31.91 58.44 63.33 289.98 314.78	47.60 15.00 6.29 24.20 12.00	0.866 0.376 0.007 0.851 0.016	693.84 295.00 331.71 98.91 2.00	14.58 19.67 52.73 4.09 0.17	2 2 2 2 2	2.23	1.02	6.68±1.66	662±213	1.53	砂岩、砂质泥岩与砾石互层
N$_2$p+Nt	216 311 311	J11 J22 J22	46.252 47.01 56.11	19.70 24.20 16.90	1.023 0.677 0.772	588.01 845.00 369.95	29.92 34.92 45.53	2 2 2						
N$_1$t	311 445 311	J22 X22 P2	184.42 215.07 934.37	8.30 2.49 11.10	0.717 0.139 0.728	123.81 348.17 71.32	14.91 139.94 6.42	2 2 2	3.46	1.07	4.85±1.66	432±125	1.5	泥岩、砂岩夹砾岩
N$_1$t+E$_1$h	311 216 311 445	ATJ11 J22 ATJ22 XHP2	45.81 69.26 234.61 262.02	29.70 10.50 7.66 1.51	1.066 0.868 0.935 0.128	804.50 471.71 134.04 145.83	27.10 44.75 17.50 96.50	2 2 2 2						
E$_1$h	311 216 311 216 311 311 311	J22 ATM22 J3 XHP3 J33 P3 R433	209.17 361.78 462.02 989.24 4 565.9 6 356.9 2 736.7	4.05 4.08 1.63 1.91 0.70 1.89 0.42	0.244 1.071 0.021 0.007 0.240 0.156 0.679	254.65 132.65 108.06 8.42 6.30 10.40 5.59	32.50 32.50 66.17 4.42 8.99 5.51 13.25	2 2 2 2 2 2 2	3.86	1.03	5.54	288.38	1.52	砂岩、泥岩夹砾岩
E$_1$h+K$_1$h	216 311	J22 ATM22	96.75 331.90	6.63 5.21	0.993 0.732	395.21 247.14	59.58 47.45	2 2						
K$_1$h	311 216	J22 J22	133.82 219.34	7.50 5.98	0.738 0.006	306.30 107.48	40.84 17.97	3 2	3.63	1.09	9.02	1 003	1.57	砂岩、砂质泥岩
K$_1$h+J$_3$q	216 311 216	ATJ22 ATJ22 J22	80.31 122.84 303.62	5.46 7.52 6.31	1.060 0.732 0.144	308.19 352.00 67.34	56.42 46.85 10.67	2 2 2						

续表

地层代号	钻头尺寸/mm	钻头类型序列	每米钻井成本/(元·m⁻¹)	机械钻速/(m·h⁻¹)	效率指数	单个钻头进尺/m	钻头扭矩/(kN·m)	钻头个数	可钻性级值	抗拉强度/MPa	抗剪强度/MPa	硬度范围/MPa	塑性系数	岩性
J_3q	216	B22M	108.44	13.70	1.033	591.56	43.33	2	4.94	1.42	7.86	761±317	1.55	砂质泥岩、泥岩夹砂岩、粉砂岩
	311	J33	266.02	2.94	0.037	206.41	69.92	2						
	311	J22	465.70	2.41	0.231	101.41	42.12	22						
	311	ATJ22	519.65	2.60	0.252	71.60	27.57	3						
	216	J22	1 374.6	0.93	0.103	19.28	19.63	9						
	311	J2	1 475.2	0.90	0.010	27.14	30.05	2						
	311	J3	1 504.9	0.72	0.012	31.74	43.93	2						
	311	J11	1 878.9	0.47	0.012	27.98	58.95	2						
	311	R438	1 132.6	0.62	0.265	14.10	22.83	2						
J_3q+J_2q	216	B2CM	77.60	5.25	1.706	661.03	126.00	2						
	216	J22	167.63	4.40	0.810	210.64	47.83	2						
	311	J22	273.99	2.16	0.237	253.64	117.15	2						
J_2q	216	ATM11H	107.98	4.13	0.955	336.87	81.58	2	5.19	1.27	7.39±2.1	1 061±300	1.59	泥岩夹细砂岩、石英长石砂岩夹煤线
	311	J22	534.11	2.04	0.196	76.95	37.66	9						
	216	J22	634.56	1.26	0.025	66.77	53.80	5						
	216	SJJJ	3 761.1	0.79	0.122	5.92	7.52	2						
	216	PDC	4 598.7	0.75	0.007	4.68	6.24	2						
	216	RC476	10 898	1.10	0.003	9.00	8.17	2						
	311	ATM22	29 311	0.73	0.227	2.30	3.17	2						
J_2q+J_2s	216	B22M	281.91	2.54	0.691	342.33	134.81	2						
	311	J22	318.79	2.09	0.284	184.73	88.25	2						
J_2s	311	J22	574.12	1.61	0.223	81.41	50.69	17	5.67	1.07	7.76	1 042±100	1.61	砂质泥岩夹砂层、砂砾层
	311	ATJ22	598.46	1.55	0.066	59.98	38.72	2						
	216	J22	708.42	1.15	0.150	80.44	70.07	6						
	216	PDC	3 038.4	0.76	0.006	7.60	10.00	2						
	216	STJJ	5 045.1	0.85	0.107	4.24	4.99	2						
J_2s+J_2x	311	ATJ22	415.59	1.42	0.990	172.41	121.58	2						
J_2x	311	J22	438.87	1.47	0.148	148.22	101.19	5	5.8	1.5	6.49±3.13	1 085±120	1.62	粗砂岩、砂质泥岩互层夹煤线
	216	J22	721.37	1.60	0.191	45.16	23.11	32						
	311	ATJ22	980.26	1.46	0.057	42.44	29.12	3						
	216	J33	1 558.5	0.70	0.006	22.22	31.61	2						
	216	PDC	5 021.5	1.11	0.012	4.66	4.19	11						
	216	BLS	5 233.8	0.48	0.115	4.36	10.19	4						
	216	RC476	1 768.9	1.33	0.005	5.59	4.19	2						
J_1s	216	J22	423.80	1.52	0.015	104.31	68.55	2	6.13	1	11.6	1 461.8	1.28	泥岩、砾石

注:C_t 指标是指每米钻井成本,元/m。

表 3-3 Y 指标钻头使用效果统计表

地层代号	钻头尺寸/mm	钻头类型序列	选型指标 综合评价系数	选型指标 机械钻速/(m·h^{-1})	选型指标 效率指数	选型指标 单个钻头进尺/m	选型指标 钻头扭矩/(kN·m)	选型指标 钻头个数	地层性质 可钻性级值	地层性质 抗拉强度/MPa	地层性质 抗剪强度/MPa	地层性质 硬度范围/MPa	地层性质 塑性系数	岩性
Q	445	X22	0.152 8	17.20	0.275	252.00	14.67	2	2.12	1.02	1.05	136±21	2.6	砾石、砂质黏土
	445	XHP2	0.018 9	3.74	0.007	68.83	25.16	2						
	311	P2	0.012 1	8.39	0.012	97.91	11.67	2						
	660	P1	0.000 8	1.10	0.003	20.34	18.47	6						
Q+N$_2$	445	X23	0.151 8	17.80	0.272	235.07	13.17	5						
N$_2$p	216	J22	1.490 9	47.60	0.866	693.84	14.58	2	2.23	1.02	6.68±1.66	662±213	1.53	砂岩、砂质泥岩与砾石互层
	445	P2	0.257 1	15.00	0.376	295.00	19.67	2						
	445	XHP2	0.099 3	6.29	0.007	331.71	52.73	2						
	311	J11	0.088 3	24.20	0.851	98.91	4.09	2						
	311	P2	0.000 4	12.00	0.016	2.00	0.17	2						
N$_2$p+Nt	216	J11	0.514 6	19.70	1.023	588.01	29.92	2						
	311	J22	0.425 0	24.20	0.677	845.00	34.92	2						
	311	J22	0.301 3	16.90	0.772	369.95	45.53	2						
N$_1$t	311	J22	0.045 6	8.30	0.717	123.81	14.91	2	3.46	1.07	4.85±1.66	432±125	1.5	泥岩、砂岩夹砾岩
	445	X22	0.011 9	2.49	0.139	348.17	139.94	2						
	311	P2	0.011 6	11.10	0.728	71.32	6.42	2						
N$_1$t+E$_1$h	311	ATJ11	0.648 1	29.70	1.066	804.5	27.10	2						
	216	J22	0.152 2	10.50	0.868	471.71	44.75	2						
	311	ATJ22	0.032 6	7.66	0.935	134.04	17.50	2						
	445	XHP2	0.005 8	1.51	0.128	145.83	96.50	2						
E$_1$h	311	J22	0.019 4	4.05	0.244	254.65	32.50	2	3.86	1.03	5.54	288.38	1.52	砂岩、泥岩夹砾岩
	216	ATM22	0.011 3	4.08	1.071	132.65	32.50	2						
	311	J3	0.003 5	1.63	0.021	108.06	66.17	2						
	216	XHP3	0.001 9	1.91	0.007	8.42	4.42	2						
	311	J33	0.000 3	0.70	0.240	6.30	8.99	2						
	311	P3	0.000 2	1.89	0.156	10.40	5.51	2						
	311	R433	0.000 4	0.42	0.679	5.59	13.25	2						
E$_1$h+K$_1$h	216	J22	0.068 6	6.63	0.993	395.21	59.58	2						
	311	ATM22	0.015 7	5.21	0.732	247.14	47.45	2						
K$_1$h	311	J22	0.056 0	7.50	0.738	306.3	40.84	3	3.63	1.09	9.02	1 003	1.57	砂岩、砂质泥岩
	216	J22	0.027 3	5.98	0.006	107.48	17.97	2						
K$_1$h+J$_3$q	216	ATJ22	0.068 0	5.46	1.060	308.19	56.42	2						
	311	J22	0.061 2	7.52	0.732	352.00	46.85	2						
	216	J22	0.020 8	6.31	0.144	67.34	10.67	2						

续表

地层代号	钻头尺寸/mm	钻头类型序列	选型指标					地层性质					
			综合评价系数	机械钻速/(m·h^{-1})	效率指数	单个钻头进尺/m	钻头扭矩/(kN·m)	钻头个数	可钻性级值	抗拉强度/MPa	抗剪强度/MPa	硬度范围/MPa	塑性系数	岩性
J$_3$q	216	B22M	0.125 9	13.70	1.033	591.56	43.33	2	4.94	1.42	7.86	761±317	1.55	砂质泥岩、泥岩夹砂岩、粉砂岩
	311	J33	0.011 2	2.94	0.037	206.41	69.92	2						
	311	J22	0.005 2	2.41	0.231	101.41	42.12	22						
	311	ATJ22	0.005 0	2.60	0.252	71.60	27.57	3						
	216	J22	0.000 7	0.93	0.103	19.28	19.63	9						
	311	J2	0.000 6	0.90	0.010	27.14	30.05	2						
	311	J3	0.000 5	0.72	0.012	31.74	43.93	2						
	311	J11	0.000 3	0.47	0.012	27.98	58.95	2						
	311	R438	0.000 1	0.62	0.265	14.10	22.83	2						
J$_3$q+J$_2$q	216	B2CM	0.067 6	5.25	1.706	661.03	126.00	2						
	216	J22	0.026 3	4.40	0.810	210.64	47.83	2						
	311	J22	0.007 9	2.16	0.237	253.64	117.15	2						
J$_2$q	216	ATM11H	0.033 2	4.13	0.955	336.87	81.58	2	5.19	1.27	7.39±2.1	1 061±300	1.59	泥岩夹细砂岩、石英长石、砂岩夹煤线
	311	J22	0.003 7	2.04	0.196	76.95	37.66	9						
	216	J22	0.002 0	1.26	0.025	66.77	53.80	5						
	216	SJJJ	0.000 2	0.79	0.122	5.92	7.52	2						
	216	PDC	0.000 2	0.75	0.007	4.68	6.24	2						
	216	RC476	0.000 1	1.10	0.003	9.00	8.17	2						
	311	ATM22	0.000 4	0.73	0.227	2.3	3.17	2						
J$_2$q+J$_2$s	216	B22M	0.809 0	2.54	0.691	342.33	134.81	2						
	311	J22	0.006 6	2.09	0.284	184.73	88.25	2						
J$_2$s	311	J22	0.002 7	1.61	0.223	81.41	50.69	17	5.67	1.07	7.76	1 042±100	1.61	砂质泥岩夹砂层、砂砾层
	311	ATJ22	0.002 2	1.55	0.066	59.98	38.72	2						
	216	J22	0.002 2	1.15	0.150	80.44	70.07	6						
	216	PDC	0.000 3	0.76	0.006	7.60	10.00	2						
	216	STJJ	0.000 2	0.85	0.107	4.24	4.99	2						
J$_2$s+J$_2$x	311	ATJ22	0.000 2	1.42	0.990	172.41	121.58	2						
J$_2$x	311	J22	0.003 3	1.47	0.148	148.22	101.19	5	5.8	1.5	6.49±3.13	1 085±120	1.62	粗砂岩、砂泥岩互层夹煤线
	216	J22	0.002 2	1.60	0.191	45.16	23.11	32						
	311	ATJ22	0.001 5	1.46	0.057	42.44	29.12	3						
	216	J33	0.000 5	0.70	0.006	22.22	31.61	2						
	216	PDC	0.000 2	1.11	0.012	4.66	4.19	11						
	216	BLS	0.000 1	0.48	0.115	4.36	10.19	4						
	216	RC476	0.000 1	1.33	0.005	5.59	4.19	2						
J$_1$s	216	J22	0.000 6	1.52	0.015	104.31	68.55	2	6.13	1	11.6	1 461.8	1.28	泥岩、砾石

注：Y 指标是指综合评价系数。

(2) 葡萄沟组：地层厚度为 150～284 m，岩性为砂岩、砂质泥岩与砾石互层；岩石可钻性级值为 2.23±1.02，岩石硬度为(662±213)MPa，属软地层；塑性系数为 1.53，属低塑性地层，岩石抗剪强度为(6.68±1.66)MPa。推荐钻头型号为：ϕ445 mm，P2，XHP2；ϕ311 mm，P2。

(3) 桃树园组：地层厚度为 140～354 m，岩性为泥岩、砂岩夹砾石；岩石可钻性级值为 3.46±1.07，岩石硬度为(432±125)MPa，属软地层；岩石塑性系数为 1.50，抗剪强度为 4.85。推荐钻头型号为：ϕ445 mm，X22；ϕ311 mm，J22，P2。

(4) 鄯善群组：地层厚度为 310～470 m，岩性主要为砂岩、泥岩夹砾岩；岩石可钻性级值为 3.86±1.03，岩石硬度为 288.38 MPa，属中软地层；岩石塑性系数为 1.52，抗剪强度为 5.54 MPa。推荐钻头类型为：ϕ311 mm，J22，J3；ϕ216 mm，ATM22，XHP3。

(5) 火焰山组：地层厚度为 290～1 143 m，岩性主要为砂岩、砂质泥岩；岩石可钻性级值为 3.63±1.09，岩石硬度为 1 003 MPa，属于中软地层；岩石塑性系数 1.57，抗剪强度为 9.02 MPa。推荐钻头型号为：ϕ311 mm，J22；ϕ216 mm，J22。

(6) 齐古组：地层厚度为 95～1 372 m，主要岩性为砂质泥岩、泥岩夹砂岩、粉砂岩；岩石可钻性级值为 4.94±1.42，岩石硬度为(761±317)MPa，由于地层不含砾石，可钻性和硬度值分级均为软—中等；岩石塑性系数为 1.55，属低塑性地层，抗剪强度为 7.86 MPa。推荐钻头型号为：ϕ311 mm，J33，J22，ATJ22；ϕ216 mm，B22M，J22。

(7) 七克台组：地层厚度为 150～280 m，岩性主要为泥岩夹细砂岩、石英长石、砂岩夹煤线；岩石可钻性级值为 5.19±1.27，岩石硬度为(1 061±300)MPa，属中等硬度地层；岩石塑性系数为 1.59。推荐钻头型号为：ϕ311 mm，J22；ϕ216 mm，ATM11H，J22。

(8) 三间房组：地层厚度为 225～330 m，主要岩性为砂质泥岩夹砂岩、砂砾岩；岩石可钻性级值为 5.67±1.07，岩石硬度为(1 042±100)MPa，属中等硬度地层；岩石塑性系数为 1.61，属低塑性地层，抗剪强度为 7.76 MPa。推荐钻头型号为：ϕ311 mm，J22，ATM22；ϕ216 mm，J22。

(9) 西山窑组：地层厚度为 150～750 m，主要岩性为粗砂岩和砂质泥岩互层夹煤；岩石可钻性级值为 5.80±1.50，岩石硬度为(1 085±120)MPa，属于中等硬度地层；岩石塑性系数为 1.62，属低塑性地层，抗剪强度为(6.49±3.13)MPa。推荐钻头为：ϕ311 mm，J22，ATJ22；ϕ216 mm，J22，J33。

3.3 大段泥页岩储层孔隙-微裂缝发育特征

QD 背斜构造位于吐哈盆地台北凹陷 SS 构造带东段，构造测网密度为 1 km×1.5 km，据 J_2q 顶构造图测定，背斜长轴为 8 km，短轴为 3.3 km；J_2q 顶砂岩闭合面积为 25 km²，闭合高度为 200 m。构造内无大断层通过，圈闭条件良好，构造落实程度高。

QD 构造已钻 10 口探井中，部分井进行了油气测试和地层测试。已钻井地质资料表明，

QD构造是一个由构造和岩性双重控制的低孔低渗凝析气田构造,在某些地区(QD4井)有垂直裂缝(J_2x,J_1s)和斜交裂缝(J_2q)出现。

已钻各井中主要储层分属J_2q(中侏罗统七克台组),J_2s(中侏罗统三间房组),J_2x(中侏罗统西山窑组)和J_1s(下侏罗统三工河组)地层,这些储层在整个构造上都存在,储层物性有一定差异,呈现出由南向北和从东向西逐渐变差的趋势。

现以QD3井和QD7井为例对其主要地质特征进行分析。

3.3.1 QD3井储层孔渗发育特征

QD3井储层岩石内的孔隙可分为以下六种类型。

(1) 粒间溶孔:侏罗系储层砂岩最重要的孔隙类型之一。该类孔隙由早成岩期的碳酸盐胶结物遭受溶解及颗粒边缘部分遭溶解而形成,在该井中主要分布于3 100 m以下的西山窑组底部及三工河组,孔隙呈伸长状。

(2) 粒内溶孔:储层砂岩主要的孔隙类型之一。该类孔隙为长石、岩屑等铝硅酸盐颗粒遭受选择性不均匀溶解,在其内部形成网络状、筛状及其他不规则状孔隙。

(3) 颗粒溶孔:颗粒全部遭受溶解而形成,孔隙内可见残余颗粒零星分布。

(4) 原生粒间孔:随压实作用的增强,原始沉积时残留下的粒间孔隙逐渐减少,体积逐渐变小,其边部多呈三角形。

(5) 颗粒裂缝:包括粒间缝及粒内缝。由于该井压实作用较强,因此颗粒裂缝较多,颗粒裂缝内常充填有黄铁矿及有机质,长石的粒内缝遭溶蚀后有加宽现象。

(6) 晶间微孔:主要指高岭石充填粒间后高岭石晶间残留的微小孔。由于此类孔隙很小,因此对孔渗条件的改善影响不大。

由于该井三间房组以上地层未取心,故未能获得物性资料,现仅对西山窑组、三工河组储层物性进行简述。

根据部分储层分级标准,对QD3井西山窑组、三工河组储层进行了分组(表3-4)。从表中可以看出,该井西山窑组和三工河组储层皆属低孔特低渗储层。

表3-4 QD3井J_2x和J_2s组各级别储层所占比例

级别	孔隙度/% / 渗透率/(10^{-3} μm^2)	西山窑组	三工河组
低	$\dfrac{10\sim15}{10\sim100}$	$\dfrac{86.6}{8.5}$	$\dfrac{66.7}{6}$
特低	$\dfrac{<10}{<10}$	$\dfrac{13.4}{91.5}$	$\dfrac{33.3}{100}$

图3-3为QD3井J_2x,J_2s储层孔隙度和渗透率散点图。从图中可以看出,除少部分储层为低孔低渗及特低孔特低渗外,大部分储层为低孔特低渗储层。孔渗相关性差的主要原因是储集空间主要为次生孔隙,由于次生孔隙分布不均,孔隙间连通性差,因此孔隙度相对较高,但渗

透率却很低。次生孔隙为主要储集空间也使得储层的非均质性很强,如 3 130.26～3 130.47 m,近 20 cm 内渗透率由 47.0×10^{-3} μm^2 变为 2.8×10^{-3} μm^2,二者相差近 16 倍。

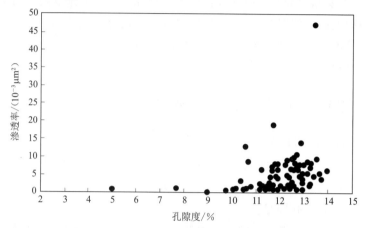

图 3-3 QD3 井 J_2x,J_2s 储层孔隙度与渗透率散点图

图 3-4 是对 QD3 井 3 110.65～3 110.77 m 处的砂岩用压汞法测得的毛管压力曲线。从图中可以看出,曲线无平台,这说明喉道分布不均匀,因此此砂岩具有低孔、特低渗、细喉的特点。

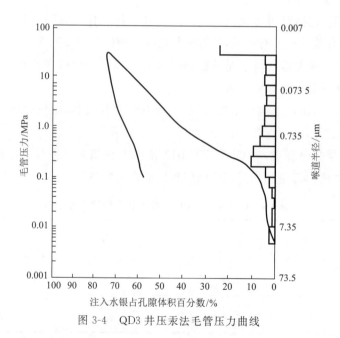

图 3-4 QD3 井压汞法毛管压力曲线

各油层段的岩石类型、碎屑组分、孔隙类型、物性参数与含油气情况之间的关系如表 3-5 所示。从表中可见,西山窑下部及三工河组为主要的含油气层段,含油气层段的岩石类型为浅灰色岩屑砂岩,孔隙为次生孔。

图 3-5 和图 3-6 分别为孔隙度、渗透率与深度的关系图。从图中可以看出,随深度的增加,孔隙度略有下降,但不明显,而渗透率下降则较为明显,即三工河组砂岩的渗透率明显低于西山窑组砂岩的渗透率。造成这种现象原因是:① 随埋深增大,再胶结作用增加,胶结物堵塞了部分喉道,使渗透率下降;② 随深度增加,压实作用增强,使岩石孔隙度、渗透率均略有下降。

表 3-5　QD3 井含油层段的岩石类型、物性参数及含油气情况

地层时代	井深/m	岩 性	碎屑组成/%			孔隙类型	孔隙度/%	渗透率/($10^{-3}\mu m^2$)	含油气情况(据录井、试油及测井解释资料)
			石英	长石	岩屑				
J_2q	2 427.5~2 458.0	浅灰粉砂岩、浅灰细砾岩							荧光 8.0 m,7~9 级;油气同层 1 层,5.9 m
J_2s	2 504.0~2 505.5	灰白色细砾岩							荧光 1 m,9 级
J_2x	3 075.1~3 105.5	绿灰色、灰色粉砂岩、砂砾岩、杂色细砾岩	3	10	87	次生孔			差油层 1 层,1.6 m;油层 1 层,0.7 m
	3 105.5~3 165.5	灰色砂岩	20~34	17~28	43~62		4.9~14.0	<0.05~47.0	油气层 3 层,42.5 m;油层 2 层,2.6 m;荧光粉砂岩—砂岩 25 层,128.5 m,7~10 级;15 mm 油嘴,日产油 14.56 m³
J_1s	3 216.3~3 361.5	浅灰色粉砂岩、细砂岩、中砂岩、砂砾岩、砾状砂岩、粗砂岩	16~36	16~25	43~72		3.72~13.1	<0.05~3.5	油气层 5 层,26 m;油层 3 层,5.8 m;可疑层 5 层,11.1 m;荧光粉砂岩—砂砾岩由 3 224.0 m 至 3 498.0 m,共见 25 层,128.5 m 显示,浸泡定级 7~10 级
	3 361.5~3 498.0	浅灰色细砂岩、粉砂岩	1~26	9~27	47~90				油气同层 4 层,80.3 m;15 mm 油嘴试油,日产油 9.6 m³

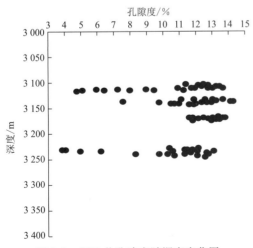

图 3-5　QD3 井孔隙度随深度变化图

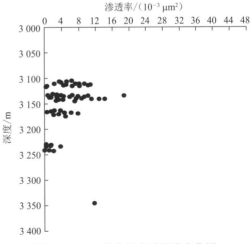

图 3-6　QD3 井渗透率随深度变化图

综合上述资料,QD3井储层特性较差,可分为低孔特低渗、低孔低渗及特低孔特低渗三类储层,其中西山窑组底部、三工河组物性较好,七克台组、三间房组及西山窑组上部储集层物性很差,储层孔渗相关性不好,非均质性强;孔隙度、渗透率值与孔喉半径均值基本上呈正相关;随埋深增加,孔隙度略有下降,但下降不明显,渗透率则明显下降。

3.3.2 QD7井储层孔渗发育特征

QD7井位于新疆鄯善县七克台乡QD3井西北0.9 km处,是吐哈盆地SS弧形构造带QD构造上的一口评价井。

1. 孔隙结构特征

据铸体薄片观察,QD7井三间房组储层砂岩孔隙度最低为5%,最高为14%,一般为7%~13%,孔隙度较低,其孔径大小参数如表3-6所示。

表3-6 QD7井J_2s储层砂岩孔隙参数

样 号	井深/m	平均孔喉半径$\overline{X}/\mu m$	变异系数σ	歪度系数S_k	孔喉峰度k
39	2 563.83~2 564.03	2.52	0.57	0.1	2.29
40		1.27	0.62	−0.34	2.12
41	2 564.03~2 564.30	1.5	0.59	0.27	2.3
42		1.17	0.47	−0.17	1.7
47	2 644.70~2 644.90	1.53	0.48	−1.11	3.14
48		1.23	0.46	−0.41	3.21
49	2 647.30~2 647.50	1.73	0.44	−0.75	3.83
50		1.7	0.45	−0.35	2.06
51		1.86	0.54	−0.51	2.96
52	2 652.28~2 652.78	1.45	0.60	0.38	2.03
53		1.35	0.49	−0.74	2.37
54		1.35	0.56	0.16	2.57
55		1.13	0.64	−0.21	1.69
56		1.29	0.44	−0.31	2.08
57	2 653.58~2 653.78	2.05	0.64	−0.002	2.84
58		2.41	0.67	0.68	2.22
59		2.00	0.59	−0.17	2.85
60	2 553.18	1.86	0.38	0.37	3.78

通过铸体薄片和压汞曲线综合分析得出,孔径平均大小在0.4~0.5 mm之间,最小为0.25 mm,一般在0.3 mm左右,可见其孔隙是很大的;孔隙分选好的约占40%,分选较好的

约占60%；孔隙分布大多数呈正偏多峰。也就是说，储层孔隙分选良好，但孔隙偏大的仍居多，且孔隙大小呈多峰态。这与此类砂岩孔隙多为岩屑溶孔、杂基溶孔和扩大的粒间孔有关，岩屑溶孔及粒间孔有大有小，因此孔隙大小亦不均一。

QD7井J_2s储层砂岩中孔隙的连通性好，孔隙配位数很高，喉道粗细一般为0.01 mm，个别达0.05 mm，长度为10～60 μm，喉道多为粒间溶蚀扩大的接触缝。此类砂岩孔隙大，连通性好，喉道粗，其渗透率理应较高，但实际测定渗透率都不高，其原因应从孔隙的成因及孔喉充填物中寻找。

薄片观察表明，QD7井三间房组储层砂岩的孔隙类型主要为岩屑溶孔、杂基溶孔、长石溶孔、扩大的粒间孔等。由于溶孔的发育，碎屑岩颗粒呈点接触式，呈飘浮状态，孔隙发育，表面上看连通性很好，喉道也较宽，但仔细观察可以发现孔隙及喉道很不干净，均充填有细粉砂、泥质、高岭石、丝缕状及叶片状自生伊利石，这些孔隙及喉道中的残余物质是由溶解作用不彻底所致。

易溶组分随孔隙水流失；难溶组分、稳定组分仍留在孔喉之中，松散分布，影响了流体运动，使渗透率较低。自生高岭石及伊利石是随孔隙水的运动而缓慢沉淀的，在较大孔隙无晶核生长处无法附着，因此它们多沉淀于喉道连接的狭窄处。这些地方水交替频繁，且空间小，有利于微晶黏附。这些自生黏土矿物虽然量少，但位于影响渗透率的关键部位，它们与淋溶残余的泥砂一起影响了储层的渗透率，并给油田开发带来了不便。

在三间房组储层中，高岭石及长石含量不高，因此它们的晶间孔及溶孔不是影响储层孔渗特征的主要因素，扩大的粒间孔占的比重同样较小，而溶孔才是三间房组储层的主要孔隙类型，且以杂基溶孔和岩屑溶孔为主，从分选性与总孔隙度的散点图(图3-7)以及岩屑含量与孔隙度的散点图(图3-8)中可以比较清楚地看出这一点。

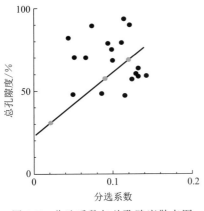

图3-7 分选系数与总孔隙度散点图

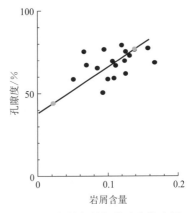

图3-8 岩屑含量与孔隙度散点图

从图3-7中可以看出，孔隙度与分选性有一定关系，当砂岩的分选属好—较好时，随分选性的相对变差，孔隙度反而更发育，这与压实的均匀程度有关。

从图3-8中可以看出，此类砂岩中孔隙度与岩屑含量关系密切。随着岩屑含量的增加，孔隙发育程度增加。此类砂岩中岩屑溶孔占的比重较大，除岩屑杂基溶孔外，粒间孔、长石溶孔占的比重较小，但在砂岩中仍少量存在，因此岩屑含量与孔隙度不是典型的线性相关。

由此可见，在此类砂岩储层中，有利次生孔隙带主要分布在中粗砂岩以及含砾粗砂岩中分选稍差、岩屑含量较高的岩层中。

2. 储层物性特征

储层物性研究主要集中在 QD7 井、QD3 井和 QD21 井三间房组，共测定岩心气测渗透率 178 块、铸体薄片面孔率 49 块、压汞资料 5 块，并收集了 QD3 井和 QD21 井部分资料以及 DS1 井部分资料。下面对吐哈盆地侏罗系物性特征进行分析。

1) QD7 井储层分类

按孔隙度分，属低孔隙度（10%～15%）的点占 58%，属特低孔隙度（＜10%）的点占 42%；按渗透率分，渗透率大于 $100\times10^{-3}\mu m^2$ 的点占 19%，渗透率为 $(10\sim100)\times10^{-3}\mu m^2$ 的点占 67%，渗透率小于 $10\times10^{-3}\mu m^2$ 的点占 14%，合计低渗以上级别占 81%。由图 3-9 和图 3-10 可知，孔隙度与深度和渗透率关系都不大；由图 3-11 知，渗透率随深度增加稍有减小。可以认为，QD7 井三间房组储层以低孔低渗型为主，优于 QD3 井西山窑组储层低孔特低渗型，可见层间差异较明显。

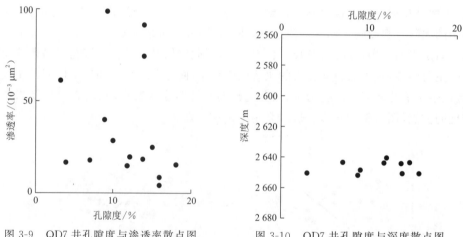

图 3-9　QD7 井孔隙度与渗透率散点图　　图 3-10　QD7 井孔隙度与深度散点图

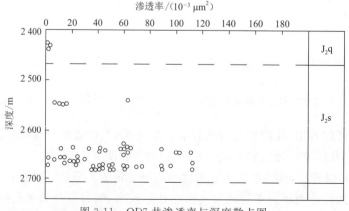

图 3-11　QD7 井渗透率与深度散点图

2) 三间房组层内孔、渗变化

QD7井三间房组储层2 652.58～2 653.78 m段内物性资料的变化表明,在1.20 m厚的地层内,岩性均为含砾粗中粒、中粒、中粗粒岩屑砂岩,但其物性相差较大,孔隙度最大为13%,最低为3%,渗透率最高可达100×10^{-3} μm^2,最低为0.05×10^{-3} μm^2。由此可见,此类储层内非均质性比较严重。

相反,QD3井西山窑组、三工河组的压汞实验所得资料表明,西山窑组喉道半径大致在0.073 5～1.35 μm之间,三工河组喉道半径在0.073 5～0.735 μm之间,二者均属细喉,故渗透性大都很低。

为了进一步阐明其物性的非均质性,将两口井不同层位的物性参数进行对比(表3-7)。

表3-7 QD3井和QD7井侏罗系储层砂岩物性对比表

井号	样号	层位	井段/m	渗透率/($10^{-3}\mu m^2$)	孔隙度/%	最大汞饱和度/%	峰态	偏态	孔喉半径均值/μm	分选系数	相对分选系数	排驱压力/MPa	中值压力/MPa
QD3	9	J_2x	3 100.65～3 110.77	6.4	10.6	74.920	3.195 7	1.719 9	6.669	3.173 2	0.475 8	0.170 0	2.432
QD3	121	J_2s	3 237.33～3 237.51	1.2	10.3	76.125	2.455 4	1.511 3	7.431	3.183 7	0.427 8	0.400 0	4.360
QD7	41	J_2s	2 564.63～2 564.93	9.04	14.8	78.992	1.690 0	0.226 9	10.23	2.930 0	0.286 0	0.118 6	1.500
QD7	53	J_2s	2 652.58～2 652.78	100.0	17.1	86.992	2.140 0	0.809 6	8.94	3.241 0	0.382 0	0.059 0	0.110
QD7	57	J_2s	2 653.58～2 653.78	39.9	15.0	85.156	1.960 0	0.548 86	9.15	3.139 0	0.343 0	0.117 5	0.130

QD7井J_2s储层砂岩为低孔低渗储层,与QD3井相比,其最大非饱和空间低,喉道均值明显偏粗,相对分选性较好,中值压力、排驱压力均较低,可见QD7井储层属粗喉、粗孔、孔喉连通性好的储层,物性明显优于QD3井J_2x、J_2s储层。

3) 有利孔隙带预测

台北凹陷地区侏罗系砂岩中储层的有利孔隙带应在三间房组以下(包括三间房组)。

(1) 三间房组以下地层中砂泥比值较高,含有较厚的砂岩层;

(2) 三间房组以下地层中有机酸总浓度高,有利于砂岩中不稳定组分的淋溶;

(3) 在三间房组以下地层的中粗砂岩中,岩屑含量高、泥质含量少的砂岩有利于淋溶;

(4) 岩石颗粒分选为好—较好中,分选稍差的有利于不均匀压实,形成孔隙;

(5) 胶结作用不发育;

(6) 酸性水的淋溶作用发育。

上述条件的有机配合可能形成较好的次生孔隙带。

3.3.3 成岩作用与孔隙演化

QD3 井、QD7 井根据储层岩石的碎屑成分、填隙物成分,其结构特征可分为两类:QD3 井的岩屑砂岩中岩屑多为火山岩岩屑,且含有大量长石,胶结作用发育;而 QD7 井砂岩中岩屑主要为变质岩岩屑,胶结作用很差,自生黏土矿物也较少见。两者在成岩作用上是有区别的,但两井的溶蚀作用均很发育,形成大溶孔。

1. 机械压实作用

机械压实作用在 QD 构造的储层砂岩中有所体现。由于沉积时碎屑颗粒、分选性、杂基含量及软碎屑含量等的差异,该区的压实作用可分为均匀压实和不均匀压实(即碎屑之间的细碎屑和杂基因粗碎屑的骨架支撑作用而不均匀压实)两种。

1) 均匀压实作用

若岩石中碎屑颗粒大小均一,分选好,软碎屑及杂基含量适中,无粗颗粒骨架支撑,软碎屑及杂基充填于颗粒之间,则经压实可形成假杂基堵塞孔隙及喉道。经均匀压实后,岩石颗粒之间为线接触及凹凸接触,岩石变得致密,渗透性极差,不利于孔隙的活动,因此此类砂岩无大量溶孔出现,多为孤立孔隙,连通性差,孔隙度一般在 5%~6% 以下。随着压实作用的加强,岩石成为透水性极弱的岩石,早成岩期形成的胶结物得以保留,未经后期的较强淋溶作用。此类均匀压实的砂岩多在河流水动力较弱、湖浪较强条件下,沉积物经充分磨蚀、分选、簸扬形成,可能属于河口砂坝非洪水期沉积,即远砂坝相。

这种均匀压实是由以下因素造成的:① 岩屑含量高,一般在 50%~80% 之间,火山岩岩屑、软的变质岩岩屑经风化作用后易于压实;② 构造运动力强,并且具有多期性,这使该区机械压实作用较强,岩石裂缝较多;③ 沉积时物源较近,岩石中的矿物成熟度低,部分岩石结构成熟度也低;④ 地层中含煤层较多,煤系早期为酸性环境,缺乏碳酸盐胶结物,地层易于压实。

2) 不均匀压实作用

当中—粗粒砂岩中有较粗的刚性颗粒石英存在,又有较细粒的岩屑及石英存在时,即岩石属分选较好系列中相对分选差的岩石时,在机械压实作用下,粗碎屑的刚性颗粒形成骨架,处于骨架之间的软碎屑及杂基难以压实,因此呈现欠压实状态。这种欠压实状态留下了大量的粒间孔或微孔,而这种孔隙的存在给后期酸性水的运移提供了良好的通道。由于溶解作用而形成大量次生孔隙,同时也使早期碳酸盐类胶结物遭受后期淋溶,降低了胶结物的含量。这些碳酸盐经孔隙水的搬运可以二次沉淀,因此胶结物呈斑块状分布,其含量变化范围极大(1%~30%)。

不均匀压实的砂岩多为水下河道和洪水期河口坝沉积。

在深度几乎一致的同一储层范围内,上覆压力相近,但其中不同砂岩的机械压实强度并不相同。观察表明,砂岩的机械压实强度除受埋深控制外,还受骨架组分、粒度及分选性、磨圆度、机械性能不稳定的成分(如软的沉积岩、变质岩、火山岩)以及杂基含量等诸多因素的影响。

3) 压实作用的表现

压实作用的主要表现有以下几方面：

(1) 粉砂岩和细砂岩经压实形成致密砂体(孔隙度<10%，渗透率<$1\times10^{-3}\mu m^2$)，构成非有效储集岩。

(2) 极少部分石英嵌入塑性颗粒中，颗粒间呈凹凸接触，云母片和塑性岩屑挤压变形。

(3) 长石颗粒破裂，其间充填较晚期的胶结物——黏土矿物及碳酸盐矿物。

(4) 对于均匀压实的岩屑砂岩类，其颗粒间一般为线接触、微凹凸接触；对于不均匀压实的岩屑砂岩类，其颗粒间呈点接触或漂浮状态。

(5) 伊利石黏土及细粉砂杂基挤入喉道及孔隙中，使大量原生孔隙及喉道被堵塞。

(6) 软矿物颗粒破裂，变质后成分发生变化，如黑水母水化后形成泥石化黑云母。

(7) 刚性碎屑矿物压碎后破裂。

2. 压溶作用

吐哈盆地侏罗系储层砂岩属岩屑砂岩类、长石岩屑砂岩类，岩屑含量高，泥质含量高，不利于进行化学压溶。扫描电镜可见部分石英有次生加大，粒间有石英自形晶体存在。这种出现于粒间孔中的自形、半自形石英晶体属于酸性溶蚀作用形成的硅质胶结物，含量极低，不致影响储层的孔隙特征。

3. 胶结作用

胶结作用在吐哈盆地侏罗系储层砂岩中有发育和不发育两类。在均匀压实的砂岩中，胶结作用发育，胶结物主要为方解石，其形成较早，主要呈斑块状，分布不均匀；有些岩石中铁质胶结物含量高达30%，铁质胶结物主要为褐铁矿、黄铁矿，菱铁矿有时充填于粒间裂隙中，胶结物分布不均匀主要是由于形成此类胶结物的原始物质分布不均匀，压实后的孔隙分布也不均匀；此类砂岩除方解石、铁质胶结物外，此外，还有一些泥质矿物，主要为伊利石、绿泥石、高岭石。

此外，还有一类胶结作用极不发育的砂岩储层，其机械压实不均匀，经淋溶作用之后，颗粒呈漂浮状态或颗粒间呈点接触。这类砂岩中基本无碳酸盐胶结物或碳酸盐胶结物极少(很少超过1%~2%)；无铁质胶结物；泥质胶结物含量也较少，由于其粒度细小，单偏光下淹没于铸体树脂的红色中，很难被发现，正交偏光下由于消光现象的存在，可见其为细小的黏土物质或极细石英粉砂。这种松散杂基的存在大大影响了储层岩石的物性，此外少许黏土矿物，如鳞片状自生高岭石晶体和丝缕状伊利石个体细小，结构松散，分布于孔隙中或孔喉交界处，也是储层物性变差的一个原因。

胶结作用主要体现在自生矿物的析出上。自生矿物的形成降低了孔隙度，提高了岩石强度。储层砂岩中常见的自生矿物主要有黏土矿物、碳酸盐矿物、少量黄铁矿及重质沥青、自生石英和长石。

1) 黏土矿物

主要通过 XRD 实验确定黏土矿物的相对含量，利用扫描电镜和薄片手段观察其产状。

黏土矿物的类型有高岭石、绿泥石、伊利石和伊/蒙混层矿物,下面分别介绍其形成及产状。

(1) 高岭石。

薄片和扫描电镜见到的高岭石产状如下:

① 粒间孔隙充填,多呈分散质点状、书页状、蠕虫状集合体。粒径为 $2\sim5~\mu m$,大粒径高岭石晶形完好,呈规则的六方板状;而小粒径晶形差,边缘不规则。

② 长石蚀变产物充填在长石的溶孔之中。

③ 高岭石为裂隙充填物,沿颗粒裂缝充填。高岭石按结晶程度可分为两种:一种形成较早,充填于粒间孔;另一种形成较晚,充填在各种溶孔之中。

pH<4 时,溶液中的铝主要以 Al^{3+} 形式存在;pH>7 时,铝以 $Al(OH)_4^-$ 形式存在(酸式解离)。在地层水的演化过程中,酸性水从泥岩或煤层中排出,溶液的 pH 会随长石和碳酸盐矿物的溶解而升高,此时高岭石发生沉淀。若 Al^{3+} 浓度增加,则高岭石的稳定性增大,此时 pH 的升高不会使高岭石发生溶解,但可沉淀出方解石。这就解释了自生高岭石形成于长石溶蚀之后又早于晚期铁方解石的现象。

在 QD3 井个别砂岩样品中,高岭石含量高达 72%,一方面由于目前地温条件利于其形成与保存,另一方面油气注入砂岩中限制了高岭石向伊利石或绿泥石转化。高岭石含量高的砂岩,一般物性较好,这与溶蚀作用有关。溶蚀作用一般在原始孔隙发育的砂岩中发育。

高岭石类矿物对油层的伤害主要表现在分散运移,但伤害程度视其具体产状而定。

(2) 绿泥石。

自生绿泥石的产状主要有以下几种:

① 包壳式衬边,绿泥石晶体垂直颗粒表面呈针叶状,自形程度高。

② 孔隙充填,呈小片状、叶片状。

③ 交代式,绿泥石交代长石、黑云母、杂基和部分喷出岩岩屑。

④ 似球粒状或絮团状,形成时间晚于包壳式,石英增大后,可与分散质点状高岭石和微晶石英共生。

绿泥石的形成与砂岩中的不稳定组分含量高有关,特别是喷出岩岩屑和黑云母,它们可分别释放出 Ca^{2+}、Fe^{2+}、Fe^{3+} 和 Mg^{2+} 等离子,提供形成绿泥石的必要离子。孔隙溶液从早成岩亚期到现在的富铁镁环境,使得绿泥石的形成持续时间长,含量较高。

绿泥石潜在的损害主要表现为酸敏和分散迁移。

(3) 伊利石。

伊利石多产于颗粒表面、粒间,充填于粒间和裂隙中。

伊利石形态有弯曲片状、丝缕状和片状。

伊利石潜在的损害为分散迁移和酸敏。在长期注水开发中,淡水的淋溶会使其脱掉 K^+,表现出水敏性。

(4) 伊/蒙混层。

伊/蒙混层矿物多为絮团状,充填于粒间。伊/蒙混层矿物含量有随深度增加而减小的趋势,说明其含量受成岩作用控制,其含量变化范围大,可能受储层含油气程度控制。

伊/蒙混层矿物具有膨胀性,膨胀程度的强弱主要取决于间层比的高低。伊/蒙混层可因晶格膨胀和分散运移而伤害油层,不具有酸敏性。

2) 碳酸盐矿物

碳酸盐矿物以方解石为主,含有少量的白云石,两者含量在 0%～25% 之间。碳酸盐矿物可呈微晶、粒状亮晶、连晶状产出,可交代石英、长石和岩屑。

电镜下见其产状如下:

(1) 粒间充填方解石、白云石晶粒;

(2) 粒间充填球粒状方解石;

(3) 粒间充填其他矿物的分产物;

(4) 方解石生长于颗粒表面。

有效储层中的碳酸盐矿物颗粒含量很少超过 3%～5%,一般呈不均匀斑状分布。局部地段胶结强烈且交代碎屑颗粒,形成碳酸盐矿物的物质来源有:① 不稳定组分长石、岩屑的淋溶提供部分 Ca^{2+} 和 Mg^{2+};② 同生阶段水体析出物;③ 黏土矿物的分解转化。

碳酸盐矿物的少量析出胶结有利于提高岩石的胶结强度,减弱压实压溶造成的不利影响,并为后期溶蚀形成次生孔隙打下良好基础。这种胶结作用减少的孔隙度部分是可逆的,但是如果碳酸盐岩胶结物含量大于 25%～30%,将会给溶解作用带来困难,因为它限制了孔隙流体的渗流。

3) 黄铁矿及重质沥青

黄铁矿呈团块状、结核状、霉状和分散状,严重交代石英、长石等颗粒。

黄铁矿的形成一般分为两期:早期(同生期)形成的黄铁矿一般呈霉状;晚期形成的黄铁矿一般呈分散粒状、斑状块、团窝状,充填于粒间或裂隙之中。

晚期黄铁矿的形成与油气运移有关,有机质(干酪根)热演化脱掉杂原子可产生 H_2S,H_2S 与孔隙水中的 Fe^{2+} 或 Fe^{3+} 还原并结合,形成黄铁矿。在油水过渡带或含水夹层中,烃的还原作用使地层水中 SO_4^{2-} 的硫还原,与铁结合生成黄铁矿。

重质沥青充填于孔隙及喉道中,是油气运移的直接产物。

黄铁矿是主要的酸敏矿物。

4) 自生石英、自生长石

自生石英的形成可降低孔隙度,提高岩石强度,其含量一般为 0.5%～1%,其析出对孔隙度的影响不大。

自生石英主要有以下几种产状:

(1) 颗粒表面附着,常可包围颗粒的 1/3 到全部,一般为一次加大;

(2) 粒表单晶石英,在扫描电镜下几个锥体可相互连接;

(3) 粒间充填的石英结晶体。

自生石英的物质来源有:

(1) 不稳定岩屑分解释放出的 SiO_2;

(2) 长石的溶解作用析出的 SiO_2;

(3) 长石和石英被方解石和黄铁矿交代而析出的 SiO_2;

(4) 杂基黏土矿物转化和相邻层泥岩中黏土矿物的转化析出的 SiO_2;

(5) 压溶作用。

其中,(1),(2)和(4)是 SiO_2 的主要来源。

石英的加大和生成受黏土矿物的影响,在黏土包壳的厚度减薄或不连续处最适合石英的增生。

粒间充填的微晶石英与高岭石和绿泥石共生时可参加微粒运动,导致渗透率降低,对油层造成伤害。

自生长石极为少见。

4. 溶解作用

溶解作用在吐哈盆地三间房组以下地层均很发育。齐古组以上地层泥岩较多,砂层很少出现;三间房组以下地层砂岩较多,砂层中铝硅酸盐颗粒含量高,在此深度以下,有机酸含量很高。表3-8是QD3井干酪根分解所产生的有机酸分析数据。从表中可以看出,有机酸总质量分数可达60.05 mg/g,这些有机酸与岩屑、长石、泥质等铝硅酸盐颗粒络合可使碎屑颗粒和泥质矿物失去稳定性,并以铝的络合物形式被迁移出,这样原来的空间就成为次生空间。在显微镜下可见各种岩屑的溶孔:长石的溶孔表现为长石内部出现筛状、网格状及其他不规则状孔隙,如长石节理缝的加宽以及粒间接触处喉道加宽等;岩屑的溶蚀表现为岩屑边部遭受淋溶形成扩大的粒间孔,岩屑全部溶蚀掉而形成颗粒溶孔、岩屑粒内溶孔。此外,镜下也可见到方解石边部遭受淋溶,形成扩大的粒间孔。总之,溶解作用形成的扩大粒间孔、粒内溶孔、颗粒溶孔及杂基溶孔为油气储集提供了空间,吐哈地区三间房组以下地层形成了该区的主要含油气层段。

表3-8 QD3井有机酸分析数据

井段/m	层 位	岩 性	总双元酸质量分数/(mg·g^{-1})	总单元酸质量分数/(mg·g^{-1})	总酸质量分数/(mg·g^{-1})
2 414.0	J_2q	灰色泥岩	17.11	34.11	51.22
3 067.0	J_2x	灰色泥岩	12.14	22.01	34.15
3 165.5	J_2x	灰色泥岩	11.70	26.32	38.02
3 242.0	J_1s	深灰色泥岩	11.25	16.10	27.35
3 314.5	J_1s	灰色泥岩	17.17	40.83	58.00
3 423.5	J_1q	灰色泥岩	18.29	42.23	60.05

5. 重结晶作用

由于盆地煤系地层中砂岩的成岩作用不深,重结晶作用不明显,其主要体现在煤系地层中的黏土岩、粗砂岩和中粗粒砂岩填隙物中的伊利石及石英细粉砂的重结晶。在低倍镜下观察时,这种重结晶现象不明显,仍保留原杂基结构,而在高倍镜下观察时,伊利石重结晶为叶片状,石英细粉砂已重结晶嵌合,不能区分其细粉砂粒外形,在高倍镜下它们具有正杂基结构。

重结晶作用多出现在碎屑岩的细粒物质中的原因如下:

根据热力学第二定律,任何物质由一种相态转变为另一种相态都伴随自由能的减小,故重结晶后晶体总能量趋于减小。例如,一群紧密相连接的微小晶体颗粒转变为一个大单晶体的重结晶作用,在这一系统中:

$$G_{总} = G_{质量} + \sum G_{i界面} \tag{3-32}$$

式中 $G_{总}$——重结晶后晶体的总能量;

$G_{质量}$——这一系统中所有物质质量的能量贡献;

$G_{i界面}$——第 i 个晶体表面(界面)的能量贡献。

在重结晶过程中,由于许多晶体总表面积减小,成为一个单个大晶体后,这一集合体的总能量 $G_{总}$ 降低到一个最低限度,这描述了燧石中微小石英晶体形成大晶体以及碳酸盐晶体集合体形成单个大晶体的热力学原理,从而也可推及细粉屑石英形成嵌合状石英集合体,它们都伴随着自由能的减小。碳酸盐和石膏的重结晶作用常使砂岩的胶结物形成嵌晶、连晶胶结,这一现象在吐哈盆地的侏罗系砂岩中常见。由于 $G_{i界面}$ 是总表积的函数,因此重结晶作用只在非常细粒的物质中发生。

重结晶作用对碎屑岩孔隙的形成有两重性:一方面可以降低孔隙度和渗透率,另一方面由于重结晶嵌合后晶间孔的存在,也可能提高孔隙度和渗透率。

重结晶作用主要发生在成岩的中晚期,也可能发生在化学压溶时期,因此杂基中的孔隙可能有两种成因,一种为溶孔,另一种为重结晶的晶间孔,二者在镜下很难区分。

机械压实作用是降低原生孔隙及喉道大小的主要阶段,化学压溶是继续降低原生孔隙与喉道的次要阶段。溶解作用、交代作用与自生矿物的形成阶段是次生孔隙发育的主要阶段,胶结作用及自生矿物的析出可降低岩石孔隙度和喉道半径。

3.4 大段泥页岩储层岩石水化膨胀特征

3.4.1 研究泥页岩水敏性的意义及方法

1. 研究泥页岩水敏性的意义

造成泥页岩地层坍塌的原因很多且较复杂,在上覆压力及温度作用下,经压实的成岩作用而形成的黏土矿物仍有可能因压固、脱水、重结晶、离子交换以及构造运动等原因而发生变化,其结果是造成地层中黏土矿物的种类及含量发生重新分配。但这些地质因素(还包括其他一些,如地层的倾斜、断层、层组以及岩石的含气和含油饱和度等)已经是既成的事实,它们不受调节作用的影响。

为了找出地层坍塌的基本原因,许多研究者的研究清楚地表明,大量泥页岩井眼的破坏主要是由于页岩的水化膨胀、水化分散和水化崩解引起的,其原因可归结为以下三个方面:

1)晶层扩张

水化能是产生晶层扩张的重要因素,水化能来源于水分子与黏土颗粒表面上的氧原子形成的氢键,或水分子与阳离子水化膜中的水分子形成的氢键,也可能来源于二者同时形成的氢键。此外,水化能还可能来源于被吸附的阳离子表面剩余的电性以及引力,其中以阳离子水化能最为重要,水化能的作用距离为 10 Å,即 4 个水分子层厚,4 个水分子定向排列于晶层表面,引起晶层扩张,渗透吸附。

2) 渗透吸附

晶层扩张完成后,表面水化不再那么重要,水-土体系中形成的双电层斥力变为黏土片间的主要斥力。按双电层理论,其水化膜的潜在厚度与交换性阳离子的价数及外溶电解质的浓度成反比,在一定条件(如电解质浓度低)下,黏土周围水化膜的扩张产生一种称为膨胀压的压力,此时 1 g 黏土的含水量可以达到 0.7~20 g。

3) 从膨胀进入分散状态

对水-土体系进行适当搅拌,体系中黏土颗粒进行离子交换而促使颗粒间的缔合,蒙脱石以硅酸盐晶片形式以较大距离进行分散,这时的黏土含水量可达到 1 g 黏土含水 20 g 以上。

通常认为,非膨胀性黏土(高岭石、伊利石、绿泥石)虽然膨胀幅度不能与膨胀性黏土相比,但仍有一定的膨胀能力。在钻井过程中,非膨胀性黏土总是容易发生裂解,然后逐步转化,进而发生崩解或剥蚀掉块,使井径逐步扩大。

因此,研究泥页岩井眼的稳定技术,必须研究泥页岩水化膨胀和水化分散的特征及能力。

2. 研究泥页岩水敏性的方法

由于泥页岩水敏性对稳定井壁具有重要意义,因此长期以来,许多研究人员根据不同的实验条件和实验目的提出了许多实验方法。这些方法中使用较多的包括线膨胀实验、Ensulin 膨胀实验、高温高压膨胀实验、页岩热滚实验、CST 实验、常温三轴应力实验、高温三轴应力实验、页岩稳定指数实验、页岩小球动态实验、泥饼针入度实验、DSC 井下模拟实验、沥青类产品的封堵实验。

这些实验方法的工作原理不同,对实际情况的模拟重点也不同。相应实验仪器有的比较简单,但准确度差;有的比较复杂,现场无法应用,实验样品虽试图模拟井内条件,但制样本身存在误差,而且制样过程烦琐;有的列出了指标,但仍不能反映泥页岩的本质。因此,各实验方法都有一定的局限性。M. E. Chenevert 和 S. O. Osisanya 分析了井壁失稳的全过程,将其划分成 4 个阶段,即页岩原始状态、页岩膨胀落入井眼、井眼坍塌、页岩分散到钻井液中。4 个阶段页岩状态的变化为页岩不断吸水,其吸入压力连续下降,页岩在接触钻井液前具有最大吸入压力,而在钻井液中分散成细颗粒后吸入压力降至最低。因此,由井壁坍塌的实际过程和膨胀实验、分散实验的工作原理可知:膨胀实验反映了页岩在高吸入压力时泥页岩与钻井液相互作用的特征,即泥页岩与钻井液相互作用的早期特征;而分散实验则反映了泥页岩在达到最低吸入压力时泥页岩与钻井液相互作用的分散特征,吸入压力的降低使得页岩不再膨胀,只有分散,这也是泥页岩与钻井液相互作用的后期特征。

基于上述观点,考虑到膨胀实验和分散实验使用较多且比较成熟,其工作机理也符合实际情况,因此把膨胀实验和分散实验结合起来研究泥页岩与水或钻井液作用后的水化特性,给出反映泥页岩与水或钻井液相互作用方面的有用信息。为了得到更多的信息,在研究泥页岩水敏性纵向变化规律时,决定采用 Ensulin 膨胀仪、NP-01A 膨胀仪和 CST 分散仪进行实验;在研究钻井液抑制能力时,进行热滚回收率实验;在研究钻井液体系防塌特性时,采用三轴应力防塌仪进行防塌实验。

3. 试验用岩样的选取

考虑到 QD7 井资料较全，同时参照其他井的有关资料，以 QD7 井为主要研究对象，以此建立 QD 构造泥页岩水敏性变化规律。

3.4.2 构造泥页岩水敏吸附膨胀特性

表 3-9 列出了 QD7 井的代表性岩样，表 3-10 和表 3-11 分别列出了用 Ensulin 膨胀仪和 NP-01A 膨胀仪测得的 QD7 井岩屑样品与蒸馏水相互作用时的吸附情况，图 3-12～图 3-15 分别描绘了 Ensulin 膨胀实验的瞬时吸附量 M_i、水化指数 N、5 000 min 累计吸附量 $M_{5\,000}$ 和 NP-01A 膨胀实验的线膨胀量 BZL 随井深的变化规律。

表 3-9 QD7 井代表性岩样

地 层	井段/m	选样比例	选样点/m	样品编号
J_2q	2 320～2 470	2/10	2 401	1
			2 450	2
J_2s	2 470～2 740	2/20	2 531	3
			2 730	4
$J_2x_上$	2 740～3 060	3/20	2 800	5
			2 970	6
			3 010	7
$J_2x_下$	3 060～3 440	5/30	3 130	8
			3 180	9
			3 250	10
			3 300	11
			3 320	12
J_1s	3 440～3 500	1/5	3 470	13

表 3-10 QD7 井泥页岩 Ensulin 吸附膨胀实验结果

样品编号	地层	深度/m	吸附量 $M_t/(\text{g}\cdot\text{g}^{-1})$						$M_i/(\text{g}\cdot\text{g}^{-1})$	N	R	$M_{5\,000}/(\text{g}\cdot\text{g}^{-1})$
			10 min	20 min	40 min	100 min	200 min	400 min				
1	J_2q	2 401	0.761	0.792	0.812	0.859	0.906	1.004	0.637	0.070	0.973	1.157
2	J_2q	2 450	0.629	0.651	0.666	0.700	0.762	0.814	0.526	0.069	0.976	0.941
3	J_2s	2 531	0.601	0.604	0.606	0.629	0.651	0.697	0.538	0.038	0.925	0.745
4	J_2s	2 730	0.824	0.873	0.906	0.976	1.060	1.131	0.671	0.085	0.994	1.387
5	$J_2x_上$	2 800	0.604	0.626	0.643	0.678	0.743	0.804	0.496	0.076	0.974	0.947
6	$J_2x_上$	2 970	0.606	0.623	0.630	0.655	0.656	0.745	0.530	0.051	0.956	0.819

续表

样品编号	地层	深度/m	吸附量 M_t/(g·g^{-1})						M_i/(g·g^{-1})	N	R	$M_{5\,000}$/(g·g^{-1})
			10 min	20 min	40 min	100 min	200 min	400 min				
7	J$_2$x上	3 010	0.682	0.760	0.780	0.832	0.702	0.948	0.589	0.067	0.987	1.045
8	J$_2$x下	3 130	0.461	0.468	0.475	0.501	0.547	0.631	0.365	0.080	0.924	0.723
9	J$_2$x下	3 180	0.528	0.537	0.550	0.589	0.598	0.758	0.417	0.083	0.947	0.847
10	J$_2$x下	3 250	0.459	0.482	0.488	0.507	0.533	0.607	0.389	0.065	0.937	0.680
11	J$_2$x下	3 300	0.493	0.532	0.551	0.592	0.646	0.753	0.381	0.105	0.972	0.931
12	J$_2$x下	3 320	0.540	0.546	0.557	0.589	0.625	0.701	0.447	0.067	0.942	0.792
13	J$_1$s	3 470	0.340	0.349	0.349	0.355	0.360	0.459	0.286	0.060	0.958	0.477
备注	\multicolumn{12}{l}{M_t 为 t 时间累积吸附量(单位质量黏土的吸水量),g/g;t 为吸附时间,min;M_i 为瞬时吸附量,g/g;N 为样品水化指数,无因次;$M_{5\,000}$ 为 5 000 min 累积吸附量,g/g;R 为回归方程相关系数}											

表 3-11 QD7 井泥页岩 NP-01A 线性膨胀实验结果

样品编号	取样深度/m	不同时间内的膨胀量/mm				
		1 h	2 h	4 h	8 h	12 h
1	2 401	0.58	0.82	1.08	1.31	1.46
3	2 531	0.57	0.77	0.97	1.21	1.47
5	2 800	0.92	1.15	1.44	1.98	2.13
7	3 010	0.54	0.74	0.95	1.10	1.35
8	3 130	0.43	0.52	0.75	1.03	1.11
11	3 300	0.45	0.50	0.74	1.00	1.07
13	3 470	0.45	0.56	0.73	0.94	0.99
备注	测筒内放 15 g 岩粉,经压实后其初始高度记为 15.9 mm					

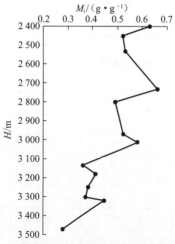

图 3-12 泥页岩瞬时吸附量 M_i 与井深的关系

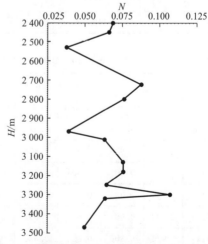

图 3-13 泥页岩样品水化指数 N 与井深的关系

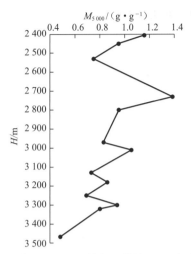
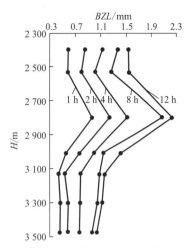

图 3-14 泥页岩 5 000 min 累积吸附量 $M_{5\,000}$ 与井深的关系　　图 3-15 泥页岩线膨胀量 BZL 与井深的关系

从 QD7 井泥页岩吸水膨胀实验结果来看,QD 构造泥页岩具有以下水敏膨胀特征:

(1) 上部地层(J_2x 以上)由于欠压实,原生含水率较高,M_i 值在 0.526~0.671 g/g 之间,但其吸水速率慢,N 为 0.038~0.085,其最终膨胀潜能较高,为 0.745~1.387 g/g,经 12 h 线膨胀量可达 1.46~2.13 mm,膨胀率为 9.2%~13.4%。这表明上部地层的膨胀特性是慢慢达到最大膨胀量的,其膨胀能力属中等偏强,一般情况下,地层较稳定,只有在水中长期浸泡才会发生坍塌,但用电解质可进行抑制。

(2) 下部地层(J_2x 以下)的膨胀规律与上部地层相似,只是程度略有减弱,M_i 仍能达到 0.365~0.589 g/g,N 变化不大,局部层段还比上部地层强,而其潜在膨胀能力也仍高达 0.680~1.045 g/g,这反映了其膨胀特点为:刚开始膨胀较小,一旦开始膨胀就很快达到最大膨胀量,而其膨胀潜能属中等。据分析,其原因可能是地层初始很硬,所吸附的水是沿地层的微裂隙进入微孔隙的,因此随着时间的延长会产生较大的膨胀压力,可使井壁剥蚀坍塌(表现出一定的脆性),继而形成新的水化面,并开始新一轮的吸水—膨胀—剥蚀,其坍塌特性表现出一定的周期性(即具有很强的时敏性)。再加上 QD 构造地层普遍破碎,漏失层多,往往漏塌并存,因此这种地层为典型的硬脆碎性地层。

(3) 纵观地层自上而下的 N,M_i 和 $M_{5\,000}$ 变化图,在 QD 构造上,地层与水作用后,水化速度一般较慢(且上下均一性强),最终膨胀潜能差别不大,都属中等到中等偏强,按美国 Baroid 公司的泥页岩分类属 3A 类。因此,总体上说,该地层属因地质原因引起的膨胀能力中等的硬脆性地层。在钻遇这种地层时,防止泥页岩的膨胀固然很重要,但封堵其微裂缝和微孔隙、加快施工进度、减少浸泡时间更为重要。

3.4.3　构造泥页岩水敏吸附分散特性

表 3-12 列出了用 CST 仪测得的 QD7 井岩屑样品与蒸馏水作用后的吸附分散实验结果,描述了 CST 分散实验的 CST 值、初始分散值 B 和潜在水化能力 $Y_{15}-B$ 的纵向变化规律。分散速率 m 反映泥页岩水化分散速率的快慢,其变化规律从统计上看与 $Y_{15}-B$ 相同,只是相差一个系数。

表 3-12　QD7 井泥页岩 CST 分散实验结果

编号	井深	CST 平均值/s				B/s	$Y_{15}-B$/s	R	m
		2 s	10 s	60 s	150 min				
1	2 401	121.0	166.2	151.8	30.2	168.7	361.5	0.971	0.402
2	2 450	102.4	116.4	151.6	336.0	117.2	218.8	0.989	0.243
3	2 531	74.5	96.0	129.4	277.6	94.7	182.9	0.981	0.203
4	2 730	127.8	178.3	270.9	761.9	175.4	586.5	0.991	0.652
5	2 800	102.2	132.6	208.5	414.5	139.3	275.2	0.965	0.306
6	2 970	113.6	155.7	226.8	426.3	157.0	269.3	0.959	0.299
7	3 010	160.0	198.6	298.8	614.3	174.1	440.2	0.998	0.489
8	3 130	90.4	97.8	125.0	224.9	100.7	124.2	0.983	0.138
9	3 180	123.3	130.0	142.0	293.0	127.3	165.7	0.999	0.184
10	3 250	70.3	84.0	102.6	186.9	82.6	104.2	0.980	0.116
11	3 300	121.8	142.4	179.1	327.4	142.3	185.1	0.980	0.206
12	3 320	78.8	94.0	105.8	250.1	88.4	161.7	0.996	0.180
13	3 470	95.4	101.0	116.0	207.3	101.1	106.2	0.994	0.118
备注	B 为初始分散值,s;m 为分散速率,无因次;Y_{15} 为 15 min 时的 CST 值,s;R 为回归方程相关系数;实验液体为蒸馏水								

从 QD7 井泥页岩吸水分散实验结果来看,QD 构造泥页岩在 3 000 m 上下分为两个明显不同的层段。QD 构造泥页岩具有以下水敏分散特征:

(1) 上部(J_2s 以上)地层,由于地层胶结性差,其初始分散值 B 为 90～180 s,分散速率 m 一般为 0.2～0.7,其分散潜在能力 $Y_{15}-B$ 为 200～400 s,局部可达 500 s 以上,表明该段地层初始分散能力弱,但其分散速度快,分散潜在能力强,属中等偏强分散地层。防止其坍塌的措施应该是从一钻开地层即防止其分散,否则会越分散越厉害。

(2) 下部(J_2s 以下)地层,初始分散值 B 剧降至 100 s 左右,CST 平均值在 200 s 左右。其分散潜在能力约为 130 s,水化分散速率 m 为 0.12～0.21,表明下部地层分散能力中等偏弱,分散速度慢,属中等弱分散地层。

(3) 纵向 CST 平均值的变化规律和伊/蒙混层矿物含量的变化规律具有明显的相似性,因此可以认为伊/蒙混层矿物含量控制泥页岩的分散特性。由于在 3 000 m 左右伊/蒙混层矿物向伊利石的转化完成,所以地层的水敏分散特性也发生突变,其分散能力骤降。

按照用 CST 平均值进行泥页岩分类的方法,CST>800 s 或 $m=0.2～0.5$ 为中等分散,CST<400 s 或 $m<0.2$ 为弱分散。QD 构造上部属中等偏强分散地层,而下部属中等偏弱分散地层,总体考虑具有中等分散能力,因此 QD 构造地层的水化分散性将引起井壁的失稳。

3.4.4 层理与裂隙发育的泥页岩的水敏性

1. SB 构造泥页岩的裂隙特征

一般来说,泥页岩遇水都会发生水化膨胀、水化分散而缩径或坍塌,但对于不同构造、不同层位的泥页岩,其坍塌的严重程度相差很大。详细研究 TAC2 井井径扩大率与其黏土矿物纵向分布规律发现,井径扩大最为严重的井段(3 000~4 000 m)并不是发生在蒙脱石含量高的上部地层(N_1t—J_3k),而是发生在伊利石含量高(比其上下段均高出约 10%)但伊/蒙混层含量中等的中硬巨厚泥页岩(J_3q)中,这说明泥页岩遇水膨胀和遇水分散虽对井眼的稳定有一定影响,但除此以外,还有其他重要因素影响井眼稳定。因为无论根据泥页岩膨胀标准还是根据分散标准来看,SB 构造的泥页岩都属中—弱膨胀和中—弱分散,不会引起如 TAC2 井那样严重的井壁失稳问题。

为了弄清这一问题,仔细观察 TAC2 井所取岩心,并取部分严重坍塌段地层的岩心进行显微分析,发现坍塌碎块岩石呈片块状,其层理非常发育;从岩心筒中取出的很完整的岩心在空气中时间稍长即裂成薄片,而尚未裂解下来部分的层状结构十分明显;若将岩心放在水中,则很快沿层理面裂成碎片,继续浸泡,碎片会再碎化。进一步的电镜扫描发现,在 J_3q 层理发育的泥页岩中确实存在裂隙和微裂缝。

2. 不同黏土矿物的膨胀压差引起剥落坍塌

齐古组(J_3q)大段泥页岩中存在发育的层理和微裂缝,钻井液滤液在毛管压力作用下沿层理、裂缝侵入地层内部,增大了钻井液与地层的接触面积,加速了地层中黏土矿物的水化作用。此外,泥页岩由多种黏土矿物组成,这些黏土矿物遇水后吸水膨胀速率相差很大,所产生的膨胀压力亦相差很大,地层受力不均,当受力超过地层水化后的强度时,地层就会沿层理、裂缝的断面发生剥落坍塌。

对于伊/蒙混层和伊利石为主的泥页岩,虽然页岩中不存在单纯的蒙脱石矿物,但由于伊/蒙混层是伊利石与蒙脱石无序地沿层片叠置方向叠置而形成的一种矿物,其在层片叠置方向叠置的伊利石和蒙脱石的水化膨胀特性不同,因此层间受力不均,仍会导致剥落坍塌。

3. 构造运动导致发育的裂隙

泥页岩层理的形成往往与其沉积环境、条件及沉积物的来源有关,而裂隙和裂缝的形成则与地层所受到的地质构造运动作用的剧烈程度相关。SB 构造带位于博格达山南侧,属山前构造带,曾经历了强烈的地质构造运动的作用,地层中蕴含着巨大的构造应力,而构造应力的释放导致地层中裂隙和微裂缝十分发育,因此极易发生水敏引起的脆性崩解坍塌。

4. 蒙脱石脱水导致的裂隙

裂隙的形成还与泥页岩成岩过程中蒙脱石的脱水作用有关,泥页岩在沉积过程中,沉积初期的黏土矿物主要为蒙脱石,孔隙中、层间含有大量孔隙水和层间水,此时的黏土晶格膨胀到最大限度,此后随着埋深的增加,黏土晶格膨胀减小。在上覆压力压实作用下,首先脱去孔隙水和外层的两层吸附水,原来占岩石总体积70%～80%的水只留下30%左右,其中20%～25%是层间水,少量为残存孔隙水,这是黏土脱水的第一阶段,类似于压实-排液过程;此后,黏土继续脱水时压实已不再起主要作用,此时随埋深增加,地温升高,脱去最终的20%～30%的水,在一定条件下发生离子交换,由膨胀型黏土转变为非膨胀型黏土,在地层中常以伊/蒙混层或伊利石的形式出现。

尽管层间水在数量上还有分歧,但层间水的密度大于自由水这一观点已为实验所证实,并且一般认为层间水的密度为 $1.4\sim1.7\ g/cm^3$,其转变成自由水时体积便会膨胀40%～70%,因此形成很大的膨胀力,当此力超过泥页岩的强度时,泥页岩就会破裂,形成许多裂缝和微裂缝。由于层间水不断排出,膨胀力亦不断作用,使一些断裂面反复摩擦,形成许多镜面擦痕,这一现象在 TC2 井侏罗系巨厚泥页岩心中清晰可见。从上述分析可知,在蒙脱石转变为伊/蒙混层的过程中泥页岩会产生许多裂缝,从而增大了地层坍塌的可能性。

5. 蒙脱石脱水条件

根据国外许多实际分析资料,泥页岩中黏土矿物的类型及含量并不完全受层位所控制,而主要与所受温度和压力的作用有关。同一地区、同一构造、岩性相同的层位(从地质上分)若埋藏深度不同(即所受的温度和压力的作用不同),则其矿物组成变化非常大。美国学者研究指出,蒙脱石的脱水温度一般在60～100 ℃之间。根据TAC2井工程测井资料,SB构造地温梯度一般为0.6～2.5 ℃/100 m,按平均2 ℃/100 m 计算,则蒙脱石开始逐步脱水转化为伊/蒙混层的深度应在3 000～4 000 m,据此可推证3 000～4 000 m井段为黏土矿物转化带,因此该地层段层理与微裂缝发育,遇水后将会发生严重的井壁稳定问题,这也解释了为何在3 000～4 000 m井段工程施工中最容易出现井眼稳定问题。

6. 泥页岩段长且多裂隙导致井眼稳定状况恶化

SB构造带自 J_3k 到 J_2x 地层总厚度为2 662 m,其中仅泥页岩就占73.7%,达1 962.5 m(表3-13),如此大套的连续泥页岩在国内各油田较为罕见。从岩心和岩屑录井发现,在整个大段泥页岩中虽然裂隙和裂缝的发育程度不同,但都存在,因此潜在坍塌井段长,给安全防塌提出了更高的要求。

表3-13 SB构造储层泥页岩厚度

层位	井段/m	厚度/m	泥岩总厚度		暗色泥岩		单层厚度		红色泥岩		单层厚度	
			厚度/m	占总厚度/%	厚度/m	占泥岩/%	最厚/m	一般/m	厚度/m	占泥岩/%	最厚/m	一般/m
J_3k	2 375～2 979	604	503.5	83.4	65.5	13	22	5～10	43.8	8.7	120	20～50
J_3q	2 979～3 804	825	779.0	94.4					779	100	200	5～100
J_2q	3 804～4 117	313	260.0	83.1	260.0	100	158	5～10				

续表

| 层 位 | 井段/m | 厚度/m | 泥岩总厚度 | | 暗色泥岩 | | 单层厚度 | | 红色泥岩 | | 单层厚度 | |
			厚度/m	占总厚度/%	厚度/m	占泥岩/%	最厚/m	一般/m	厚度/m	占泥岩/%	最厚/m	一般/m
J_2s	4 117~4 600	483	179.0	37.1	179.0	100	30	4~12				
J_2x	4 600~5 037	437	241.0	55.1	241.0	100	13	4~10				
合 计	2 375~5 037	2 662	1 962.5	73.7	745.5	38						

7. 煤夹层发育的裂缝

在 SB 构造三间房组和西山窑组(特别是 J_2x 层段),录井发现地层含有 4~5 段煤层,厚 200~300 m,其中 TAC2 井井底单层煤层厚达 6 m(尚未穿透该煤层)。虽然煤层埋深大,但煤夹层段裂缝仍十分发育,煤层岩屑呈破碎状,说明其水敏特性类似于硬脆性泥页岩。再加上煤夹层与硬脆性泥页岩及胶结性差的砂岩互层,导致各层互为依托,一层坍塌便会引起邻层坍塌,致使井下污染。因此,若今后在该地区钻超深井,必须考虑煤层的防塌问题。

第 4 章　大段泥页岩井壁稳定安全钻井技术

4.1　大段泥页岩岩性特征及其与井壁稳定之间的相关规律

泥页岩中黏土矿物的种类、含量及岩石类型是井壁稳定的重要因素，也是引起井壁坍塌的主要原因。不同的泥页岩，其水敏特性不同，因此泥页岩的具体类型是影响井壁稳定的一个重要因素。

在充分认识 QD 构造泥页岩岩性分布规律的基础上，将井径扩大率纵向剖面图与黏土矿物类型含量纵向剖面图相对应，分析并研究井壁稳定性与岩性特征之间的相关规律。

QD 泥页岩岩性特征与井壁稳定之间的关系如图 4-1～图 4-4 所示。

(1) 由地表到白垩系、火焰山群，泥页岩中的主要黏土矿物成分为伊/蒙混层黏土矿物和伊利石，伊/蒙混层黏土矿物含量为 26.0%～54.8%，伊利石含量为 25.1%～59.2%，而且泥岩松软，混层中主要含蒙脱石，间层比为 57.0%～80.0%，因此这一段地层泥岩易水化膨胀、分散造浆或坍塌，起下钻易遇阻卡。

(2) 侏罗系齐古组棕黄色和紫色泥岩主要为伊/蒙混层黏土矿物，含量为 44.0%～70.3%，伊利石含量比上部地层少，含量为 16.3%～49.5%，伊/蒙混层黏土矿物中蒙脱石含量为 78.0%～85.0%，因此这一段泥岩易水化膨胀、分散造浆或坍塌，起下钻易遇阻卡。

(3) 侏罗系齐古组底部和七克台组泥页岩中，伊/蒙混层黏土矿物含量为 22.0%～57.0%，伊利石含量为 18.4%～60.5%，高岭石含量为 7.0%～16.4%，绿泥石含量为 8.8%～13.5%，伊/蒙混层黏土矿物中蒙脱石含量为 50.0%～78.0%，泥页岩开始硬脆，微裂隙发育，钻井液滤液易沿层理微细裂隙渗入而诱发剥蚀掉块。但由于伊/蒙混层矿物仍为主要黏土矿物之一，导致 QD 构造与其他区块不一样，齐古组下部和七克台组泥页岩虽已开始硬脆，微裂隙发育，但仍然具有很强的膨胀分散性，最终导致膨胀、分散、剥蚀掉块，钻井过程中易出现垮塌划眼。

(4) 齐古—七克台交界面处，伊/蒙混层黏土矿物含量降低，伊利石含量增加，节理微裂缝发育的伊利石次生出更多节理微裂隙，加之黏土矿物成分、含量不同，产生的表面水化和渗透水化膨胀压不同，使地层内泥页岩受力不均，在构造应力的共同作用下，井壁失稳，垮塌掉块严重。

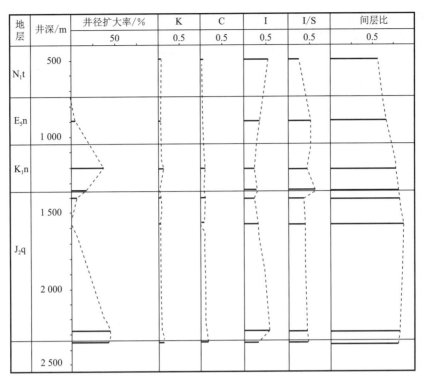

图 4-1 QD3 井泥页岩岩性特征与井壁稳定之间的关系(1)
K—高岭石；C—绿泥石；I—伊利石；I/S—伊/蒙混层

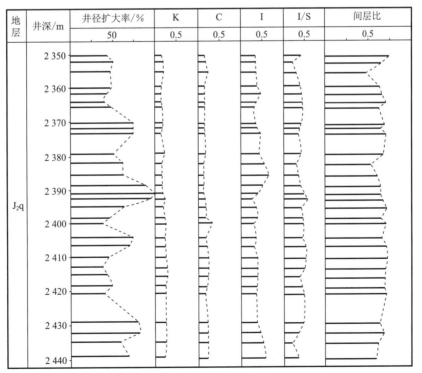

图 4-2 QD3 井泥页岩岩性特征与井壁稳定之间的关系(2)

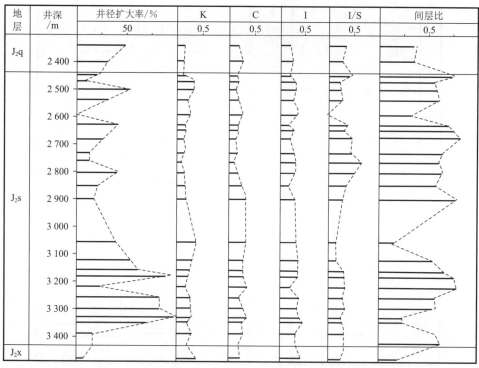

图 4-3 QD7 井泥页岩岩性特征与井壁稳定之间的关系

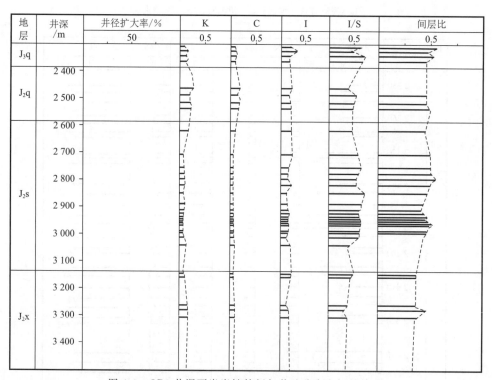

图 4-4 QD9 井泥页岩岩性特征与井壁稳定之间的关系

(5) 侏罗系三间房组和西山窑组泥页岩中，伊/蒙混层黏土矿物含量仍然很高，而且与七克台组相比，还有较大幅度的增大，如 QD7 井，在三间房组的 2 694～2 699 m 井段泥页岩中，伊/蒙混层黏土矿物含量达到了 95.8%，而三间房组伊/蒙混层黏土矿物含量为 56.5%～95.8%，西山窑组伊/蒙混层黏土矿物含量为 43.2%～71.7%。两个层位的伊/蒙混层黏土矿物含量均很高，三间房组间层比为 55.0%～60.0%，西山窑组为 40.0%～60.0%，主要为蒙脱石；两个层位的伊利石含量，西山窑组为 2.6%～27.2%，三间房组为 9.7%～33.1%，反而比七克台组要少。但是，由前面岩性描述知，在三间房组和西山窑组，地层为暗紫色及紫色泥岩不等厚互层，夹灰绿、灰色泥岩，泥质粉砂岩，细砂岩薄层及杂色砾岩薄层，且局部夹薄煤层及煤线，因此这两个层位的泥页岩内有较大圈闭应力。由于地层泥岩、砂岩、煤的不同互层，钻井液滤液渗入地层后因水化造成膨胀压不均，井壁泥页段膨胀、分散，导致井壁掉块、崩塌。另外，由于泥岩、砂岩互层，泥岩圈闭应力大，属异常高压带，而砂岩由于连通性好而圈闭应力较低，属异常低压带，加之一些局部交接面的不整合性和微裂缝发育的特点，这两层的交接面和储层容易出现渗透性漏失和诱导性漏失，工程上如钻井液密度过大或者开泵太猛等施工不当都会造成井漏。因此，对于 QD 构造的三间房组和西山窑组以及以下的三工河组、八道湾组层位，钻井液密度要尽可能降低，并由增加钻井液抑制剂来弥补，而且要特别强调泥饼质量和封堵性。这可由屏蔽暂堵剂来实现，既防塌又防漏，并可保护储层。

(6) 侏罗系三工河组和八道湾组泥岩中，以深灰、灰黑色泥岩为主，裂隙十分发育，夹薄煤层和煤线，以及薄层浅灰色中砂岩、泥质粉砂岩和粗砂岩互层。粗砂岩和煤层胶结性很差，裂隙特别发育，而泥岩圈闭应力大，煤层和粗砂岩圈闭应力小，钻井液滤液进入裂隙，泥岩膨胀分散垮塌，增大了粗砂岩和煤层由于滤液进入而造成的内压力，从而产生崩塌。尤其是当钻井液泥饼质量较差，封堵能力不强时，"渗滤—膨胀分散—垮塌掉块"形成恶性循环，此时提高钻井液密度不仅不能减轻井壁垮塌，反而会加剧井壁坍塌。另外，由于三工河组与八道湾组内部所含煤层和弱胶结粗砂岩存在异常低的圈闭应力，所以这两个层位还容易出现渗透性漏失和诱导性漏失。

4.2 大段泥页岩井壁稳定钻井液技术

4.2.1 钻井液处理剂的评选

调查显示，吐哈油田在会战期间所用钻井液处理剂有 14 大类，120 多种产品，这些产品涉及 100 多个厂点。吐哈油田钻井工艺研究所泥浆研究室和质检站对使用较多、品牌较杂的近百个产品进行了详细的评价、筛选，这些工作为优选适合 SB 构造防塌钻井液体系的处理剂奠定了基础。以下处理剂的评价优选综合参考了这部分工作。

1. 主聚物的评价优选

对 10 余种样品进行了抑制性和高温稳定性实验，现将主要实验分述如下。

1) 抑制性评价

(1) 滚动分散实验。

将各种处理剂配制成为0.3%(质量分数)的水溶液,对4种岩样进行滚动回收实验,其结果见表4-1。

表4-1 各种处理剂0.3%(质量分数)水溶液滚动回收实验结果

序号	处理剂名称	岩样质量/g	回收质量/g	回收率/%	二次回收质量/g	二次回收率/%	层位	岩样
1	清水	50	13.5	27.0				T1井砂样
2	KPAM	50	44.5	89.0				
3	80A45	50	28.5	57.0				
4	MAN101	50	13.7	27.4				
5	FPK	50	34.5	69.0				
6	FA367	30	26.0	87.0				
7	SD-17w	50	30.2	60.4				
8	清水	30	0.0	0.0			J_3q	齐古组露头
9	PAC141	30	1.5	5.0				
10	FA367	30	3.5	11.7				
11	KPAM	50	10.0	33.3				
12	FA367	30	16.7	55.7	6.5	21.7	J_2s	K6井7号岩心
13	MAN101	30	27.8	92.7	26.0	86.7		
14	80A51	30	27.4	91.3	13.0	43.3		
15	FA367	30	10.8	36.0			J_2q	K9井8号岩心
16	MAN101	30	24.0	80.0				
17	80A51	30	15.7	52.3				

实验结果表明:

① 在相同质量分数下,不同处理剂对同一岩样有不同的抑制分散能力,综合评价结果为 KPAM,80A51 和 FA367 等的滚动回收率高,是具有较强抑制泥岩水化分散能力的高分子抑制剂。

② 在相同质量分数下,同一处理剂对同一岩样具有不同的抑制分散能力,这说明产品性能不稳定,经检测产品合格率小于50%;同一处理剂对不同岩样也表现出不同的抑制分散能力,说明处理剂各具特点。总体来看,抑制分散能力排序为:KPAM>FA367>80A51>MAN101。

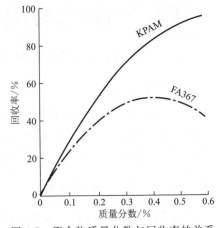

图 4-5 聚合物质量分数与回收率的关系

不同质量分数的 KPAM 和 FA367 水溶液 40 目下的回收率实验结果如图 4-5 所示。结果表明,FA367 的抑制分散能力比 KPAM 弱,并且质量分数大于 0.4% 后,FA367 的抑制分散能力有所削弱,其最佳质量分数为 0.2%～0.4%。

(2) 粒度分析。

应用 CILAS920 激光粒度仪测定各种处理剂在不同质量分数的 KPAM 和 FA367 水溶液中黏土的悬浮粒度分布,如图 4-6 和图 4-7 所示黏土粒度分布占前 10%,50%,90%。由图 4-6 可见:随着 KPAM 质量分数的增加,黏土颗粒粒径增大,即抑制包被能力增强;但质量分数达 0.4%后,粒径增量变小,因此 KPAM 质量分数以 0.4%左右为宜。由图 4-7 可见,FA367 控制黏土分散的最佳质量分数为 0.3%左右,与滚动回收率实验结果相互证实,其最佳质量分数为 0.2%～0.4%。

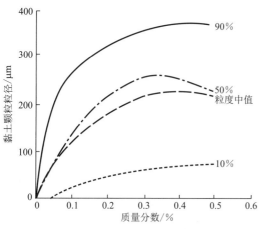

图 4-6　黏土在 KPAM 溶液中的粒径变化　　图 4-7　黏土在 FA367 溶液中的粒径变化

由图 4-8 可见,主聚物(KPAM 和 FA367)具有较强的抑制包被作用,常用作降滤失剂的 HPAN 的抑制作用很小,而聚合物降黏剂 XY-27 在质量分数较大后促进黏土分散。

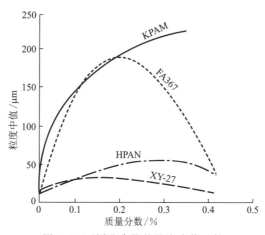

图 4-8　不同聚合物的粒度中值比较

(3) 膨胀性实验。

主聚物水溶液(质量分数 0.3%)对坂土的膨胀实验结果见表 4-2,其抑制膨胀能力大小顺序为:KPAM>FA367>80A51。

表 4-2 坂土在几种主聚物水溶液(质量分数 0.3%)中的膨胀率

处理剂名称	室 温		150 ℃		185 ℃	
	2 h	8 h	2 h	8 h	2 h	8 h
KPAM	3.9	3.75	5.1	13.6	16.2	26.78
SD-17w	4.0	9.7	7.5	12.4	—	—
FPK	6.5	11.2	12.8	20.0		
MAN101	4.1	8.0	10.2	17.3		
80A51	3.0	3.3	8.0	8.6	14.96	23.36
FA367	3.7	3.7	4.2	14.0	7.5	16.40
ND-91	5.1	9.5	—	—	21.1	28.76
NW-1	24.77	29.91	—	—	—	—
清 水	16.7	26.75	—	—	—	—

2)热稳定性评价

(1)高温对处理剂防膨胀能力的影响。

从表 4-2 中所列几种主聚物水溶液(质量分数 0.3%)经 150 ℃,8 h 及 185 ℃,8 h 高温老化后的膨胀实验结果可以看出,高温滚动后,处理剂仍具有较强的防黏土膨胀能力,其能力大小顺序为:FA367>80A51>KPAM>ND91。同时实验还表明,这些处理剂多数可耐 150 ℃高温,适用于深井钻井液(实测鄯善地区地温梯度为 2.4~3.02 ℃/100 m)。

(2)高温对处理剂水溶液黏度的影响。

表 4-3 为几种主聚物水溶液(质量分数 0.7%)的表观黏度 AV 随温度变化的情况。实验结果表明,SD-17W,FA367 和 80A51 可耐 150 ℃高温,适用于深井钻井液。

表 4-3 温度对几种主聚物水溶液(质量分数 0.7%)表观黏度的影响

处理剂名称	室 温	120 ℃,16 h 老化后		再继续升温至 150 ℃,8 h	
	AV/(mPa·s)	AV/(mPa·s)	变化率/%	AV/(mPa·s)	变化率/%
KPAM	29.5	21.0	28.81	3.5	88.14
SD-17W	8.5	23.0	−170.59	3.5	58.82
FPK	5.0	3.5	30	1.0	80.00
MAN101	5.5	4.0	27.27	1.5	72.73
FA367	9.5	10.5	−10.53	3.0	68.42
80A51	20.0	20.8	−4.00	5.5	72.50

(3)高温对处理剂水溶液黏度的影响。

由表 4-3 可以得出,SD-17W,FA367 和 80A51 经 150 ℃高温后的绝对黏度较高,在 120 ℃老化过程中存在高温稠化趋势,而 FPK 和 MAN101 在 150 ℃下的表观黏度已接近清水,

KPAM的抗温综合性能最好。

综合上述各项实验结果,主聚物选KPAM、FA367和80A51三种,推荐选用KPAM,最佳是FA367质量分数为0.2%～0.4%,KPAM和80A51质量分数为0.2%～0.5%。

2. 降滤失剂的评价优选

降滤失的聚合物产品繁多,其功能除降滤失外,还有抗盐、抗钙、抗温或降黏等次要功能。因此,不同的产品之间很难评定优劣,但同一产品可以进行对比。由表4-4可见,同一产品由于批次或产家不同,其处理效果不一;所列处理剂功能各有特点。

表4-4 常用降滤失剂的评价结果

序号	处理剂名称	淡水浆			4%盐污染			钙污染			评价			增黏
		AV/(mPa·s)	API滤失量/mL	HTHP滤失量/mL	AV/(mPa·s)	API滤失量/mL	HTHP滤失量/mL	AV/(mPa·s)	API滤失量/mL	HTHP滤失量/mL	抗温	抗盐	抗钙	
1	NaHPAN(1)	25.5	6.0		16.0	18.0	15	5.5			差	差	差	小
		23.0	7.5	41	16.0	40.0	58	15.5	5.5	全滤				
2	NaHPAN(2)	42.5	6.5		21.0	8.0		37.5	5.5		优	良	优	小
		21.5	9.0	21	24.5	19.0	38	47.5	5.5	19				
3	NaHPAN(3)	70.0	6.5		28.5	7.5		60.5	5.5		可	可	优	大
		30.0	6.0	32	28.0	13.0	34	37.5	5.0	15				
4	NaHPAN(4)	24.5	19.0		17.5	14.0		20.0	6.5		良	差	良	小
		26.0	7.0	24	17.5	25.0	60	15.0	5.5	30				
5	NaHPAN(5)	61.5	6.5		23.0	12.0		53.0	6.0		优	可	优	大
		39.0	7.0	21	16.6	16.0	36	51.0	5.0	18				
6	NaHPAN(6)	33.0	6.5		18.0	13.5		19.5	6.0		差	可	良	小
		22.0	6.5	45	15.0	18.5	34	21.5	6.0	23				
7	NaHPAN(7)	30.0	8.5		18.0	30.5		18.0	7.0		淡	良	差	小差
		51.0	7.3	28	19.5	55.5	122	33.0	10.0	40				
8	NH_4PAN(1)	17.0	10.5		10.0	25.5		18.5	8.5		淡	优	差	降黏
		25.0	6.3	16	8.5	26.0	55	18.0	6.5	18			优	
9	NH_4PAN(2)	19.0	3.0		12.5	28.0		16.0	7.0		淡	良	差	降黏
		16.0	6.5	28	8.0	22.5	50	13.5	7.0	20			优	
10	PASCS(1)	70.0	5.7		35.0	8.0		70.0	5.5		良	可	优	大
		49.5	8.0	26	24.0	23.0	42	67.5	6.5	20				
11	PASCS(2)	37.5	9.0		34.5	2.0		69.0	6.0		优	良	优	小
		25.0	6.2	22	26.0	13.0	32	52.5	6.5	20				

续表

序号	处理剂名称	淡水浆 AV /(mPa·s)	淡水浆 API 滤失量 /mL	淡水浆 HTHP 滤失量 /mL	4%盐污染 AV /(mPa·s)	4%盐污染 API 滤失量 /mL	4%盐污染 HTHP 滤失量 /mL	钙污染 AV /(mPa·s)	钙污染 API 滤失量 /mL	钙污染 HTHP 滤失量 /mL	评价 抗温	评价 抗盐	评价 抗钙	增黏
12	SMP(1)	51.5	7.5		7.5	26.0								大
		67.5	17.0	53	7.0	46.0	96					差	差	
13	SMP(2)	26.0	11.0		6.5	37.0		19.5	17.5		淡			小
		12.5	10.5	17	27.5	43.0	60	22.0	22.5	72	良	差	差	
14	SMP(3)	39.5	12.5		12.5	16.0		9.0	8.0					小
		26.5	14.0	31	11.5	56.0	112	9.0	9.5	32	可	差	可	
15	SPNH(1)	10.0	15.0		10.5	12.5		9.5	7.5					降黏
		14.5	9.0	35	10.5	31.0	38	9.0	7.5	23	可	可	优	
16	SPNH(2)	10.5	8.0		6.5	10.0		10.5	9.0					降黏
		22.5	7.5	18	6.5	11.5	37	10.0	9.0	27	优	可	良	
17	CaPAN	39.5	7.5		43.0	9.0		48.0	6.5					小
		20.0	7.5	17	36.5	10.0	34.8	34.5	5.5	19	优	可	优	
18	双聚铵盐	22.5	6.5		10.5	8.5		22.5	8.5					小
		18.0	8.5	26	13.5	23.0	66	15.0	6.0	16	良	差	优	
19	SK-1	70.0	30.0		68.0	15.0		61.0	9.0	78				大
		82.0	15.0	47	36.5	8.0	21	76.5	10.0		差	良	差	
20	SK-2	49.0	5.5		21.0	8.0		49.5	7.0					大
		59.0	6.0	16	12.5	8.5	22	57.5	6.0	5	优	优	优	
21	JT888-1	138.0	7.5		81.0	5.0		99.0	5.0					大
		53.5	3.5	34	4.5	5.0	30	0.5	4.5	17	可	良	优	
22	JT888-2	62.0	5.5		70.5	5.0		79.5	5.0					大
		48.0	6.5	15	42.0	4.5	28	47.0	6.0	19	优	良	优	
23	JT900	65.5	7.0		16.0	6.0		68.0	6.5					大
		44.0	0.5	18	16.0	6.0	30	30.0	6.0	23	优	良	优	
24	XK-423	21.5	16.5		17.5	32.0		38.5	31.5					降黏
		9.5	15.5	30	7.5	56.0	47	32.5	9.5	31	良	差	良	
25	PSC-2	10.0	8.0		14.0	21.0		13.0	8.6					降黏
		17.3	12.3	25	0.5	14.5	36	13.0	10.5	20	优	可	良	
26	基浆	21.5	18.0		21.0	48.0		12.0	28.5					
		34.5	23.0	50	7.0	62.0	65	12.5	23.0	34				

注：① 基浆为10%坂土浆；② 各种降滤失剂加量均为0.02 g/mL；③ 表中每种处理剂上行数据为常温下性能，下行数据为120 ℃，10 h老化后，冷却至50 ℃测定；④ HTHP滤失条件为3.5 MPa，120 ℃。

在地层无盐膏层时，选择次序为：NH_4PAN、SK-2、JT类。在地层有盐膏层时，选择次序为:SK-2、JT 类。为提高地层防塌能力,选择次序为:JT 类、NH_4PAN、CaPAN、NaHPAN。在深井高温时,选择次序为:SPNH、PSC-2。

根据吐哈地层基本无盐膏层、处理剂的配套及成本等因素的综合分析,降滤失剂首选 PAN 的铵盐,深井段若有盐膏层应选用 JT888 或 JT900,若存在高温则选用 SPNH、PSC-2 或 JT900,其他降滤失剂仅作配用。

3. 降黏剂的评价优选

实验表明,在加量一定的情况下,XY-27 能大幅度降低黏度、切应力和极限黏度,而 XB40、XA40 和 FCLS 仅能降低一定黏度和切应力,不能降低极限黏度。同时 XY-27 对泥页岩有一定的抑制作用,是目前优良的聚合物降黏剂。因此 XY-27 是首选的降黏剂,XA40 和 XB40 仅在无 XY-27 时暂用,FCLS 仅在聚磺钻井液中少量使用。

4. 防塌剂的评价优选

1) 磺化沥青的评价优选

磺化沥青制品主要可降低高温高压滤失量,改善泥饼质量,同时具有润滑作用,是页岩保护剂。实验在纯坂土浆中加磺化处理剂,通过测定高温高压滤失量和泥饼质量来确定本类产品的优劣。

对 11 种沥青类制品在同一条件下进行检测发现,大多数具有降低高温高压滤失量、改善泥饼质量的作用,是防塌降滤失剂。磺化沥青对钻井液性能的影响主要表现为起泡,加消泡剂可以消除,同时对钻井液体系起分散作用。从磺化沥青的实验情况来看,降滤失效果好的有 FT-1、FT-342、HL-2、LFD-2、防塌 88、TS-90 等,其常温降滤失量与 Soltex 接近,150 ℃/3.5 MPa 高温高压滤失量也较低。

各种沥青制品水溶液对泥页岩均有一定的防膨作用。从测定几种磺化沥青制品对泥页岩的热滚回收率和对黏土的抑制膨胀率的实验结果可以看出,各种磺化沥青水溶液都对黏土有一定的防膨胀作用,其中 TS-90 和 FT-1 的抑制效果明显。

综上所述,磺化沥青制品性能较好,都具有一定的降滤失、改善泥饼质量的作用,其中以 FT-1、HL-2 和 LFD-2 的综合性能最好,应为优选处理剂。

2) KCl 质量分数优选

对几种常用无机盐进行实验,得到其对泥页岩分散抑制性的实验结果。通过实验结果可以得到,KCl 的抑制性能较好,其他试验证明钾盐是无机防塌剂中防塌效果最好的,特别是硅酸钾钠,但因其对聚合钻井液的黏度、动切力等有明显的削弱作用,调控不便,因而使用较少。防塌效果好、应用最多的是 KCl,因此选定 KCl 作为无机防塌剂,并做质量分数对泥页岩岩心的滚动回收率实验。由实验可知,加入 KCl 可抑制泥页岩分散,但对不同的岩样,抑制作用的差别较大,最佳质量分数均为 3%~5%。

5. 其他处理剂的评价优选

1) 润滑剂的评选

将吐哈油田常用的几种润滑剂在 LEM-Ⅱ 润滑仪上进行评价,结果表明 RH-3 性能最好。根据对聚合物钻井液体系润滑性能的研究,一般以聚合物为主配制的钻井液体系(聚合物体系、聚磺体系、细分散体系)的摩阻系数 C_f 为 0.15~1.25,基本上能满足公认无润滑问题的要求(即 C_f 达到 0.2 左右),因此在正常情况下,润滑剂对以高聚物为主的钻井液体系来说并不十分重要。

2) 消泡剂的评选

利用密度恢复值评价四种消泡剂的消泡能力,实验结果表明 HBF-02 的消泡能力最高,且具有一定的抑泡能力和抗盐能力,因此可优选 HBF-02 作为消泡剂。

3) 超细碳酸钙粉

吐哈油田钻井工艺研究所及时地跟踪超细碳酸钙粉的质量和粒度级配,根据其评价结果,优选乌鲁木齐某厂生产的几种超细碳酸钙粉,其中 QS-2 性能最好。

4.2.2 大段泥页岩钻井液体系的确定

1. 钻井液体系确定的依据

1) 吐哈油田的钻井实践

吐哈油田的钻井实践已经证明大力推广使用的聚合物磺化钻井液具有较好的防塌能力,在生产中可采用不同的配方,如钾铵基、两性离子、聚合物磺化-氯化钾和部分水解聚丙烯酰胺及新型两性离子配入小阳离子等多种。典型配方见表 4-5。

表 4-5 吐哈油田常用钻井液体系及配方

配方编号	典型配方组成	体系名称
TH7	5%坂土+0.4%FA367+0.1%XY-27+0.2%JT900+3%LFD-2+2%PSC-2+2%SMP+1%SPNH+0.4%NW-1+2%超细 $CaCO_3$ +15% $BaSO_4$ +消泡剂	两性离子聚磺钻井液
TH8	5%坂土+0.7%NPAN+0.5%KPAM+3%LFD-2+2%PSC-2+2%SMP+1%SPNH+2%超细 $CaCO_3$ +15% $BaSO_4$	钾铵基聚磺钻井液
TH9	3%坂土+0.5%FA367+0.2%XY-27+0.4%JT900+3%LFD-2+2%PSC-2+2%SMP+1%SPNH+2%超细 $CaCO_3$ +5%KCl+0.7%NPAN+15% $BaSO_4$ +消泡剂	钾基两性离子聚磺钻井液
TH10	5%坂土+0.5%NaHPAN+0.4%80A51+2%SMP+3%LFD-2+2%超细 $CaCO_3$ +15% $BaSO_4$	聚磺钻井液
TH11	5%坂土+0.4%FA367+0.1%XY-27+0.5%NPAN+2%PSC-2+2%LFD-2+3%超细 $CaCO_3$ +15% $BaSO_4$	两性离子聚磺钻井液

2) SB 构造大段硬脆性泥页岩井壁失稳的机理研究

研究结果表明,导致 SB 构造大段泥页岩井壁失稳的主要物理化学原因是以伊利石和伊/蒙混层黏土矿物为主要组分的、低膨胀分散的、裂隙和微裂缝发育的硬脆碎性泥页岩由于不完善的钻井工艺引起的剥落坍塌。因此,所选用的钻井液体系在具有较好抑制性的前提下应同时具备良好的封堵能力,这就要求充分考虑泥饼质量定量评价研究的结论。

3) 钻井液处理剂的评选结果

根据前述对钻井液处理剂的评选,在设计新的钻井液体系时,主要以这些优选的处理剂并配合少部分以前吐哈油田没有使用过的处理剂为原材料。优先选用的处理剂见表4-6。

表4-6 优先选用的处理剂名称代号

类 别	处理剂名称
主聚物	KPAM,FA367,80A51
降滤失剂	NH_4PAN(NPAN),NaPAN,JT900,JT888,SPNH,PSC-2,SK-2
防塌剂	FT-1,HL-2,LFD-2,KCl
降黏剂	XY-27,FCLS
暂堵剂	DF-2,QS-2
润滑剂	RH-3
消泡剂	HBF-02
加重剂	$BaSO_4$,$CaCO_3$
其 他	MSF-2 正电胶

2. 钻井液体系优选结果

根据上述分析,初步选定 SB 构造防塌钻井液体系以钾铵基聚合物钻井液、钾铵基聚磺钻井液复配的两性离子聚磺钻井液为主,为应对地下可能出现的与携屑(扩径超常)有关的井眼问题,也可考虑引入正电胶的两性离子聚磺钻井液和低钾聚磺钻井液。

4.2.3 大段泥页岩钻井液配方优选

1.10 种基本配方的性能对比

根据前述的基本钻井液体系,结合吐哈油田已经使用过的配方及研究目标新提出的共 10 个配方,进行流变学实验,并测定 TAC2 井七克台组岩屑(4~10 目)进行的 120 ℃,16 h 热滚回收率,实验结果见表 4-7。由实验结果来看,无论是两性离子体系还是钾基聚磺体系,其二次回收率大多在 70%~80% 之间,说明如仅按热滚回收率来评价其抑制性,这些配方基本都能满足要求,只是其流变学性能仍存在某些缺陷:动塑比较小(如 1 号、7 号),水眼黏度太高(如 2 号、3 号、4 号、7 号),流型不佳(如 1 号、3 号),流变参数不合理等。另外,从表中还可看出,无论两性体系 3 号还是聚磺体系 8 号,引入 KCl 后,其回收率均很高,分别为 78.9% 和 78.3%,钻井液性能不稳定;正电胶体系(9 号和 10 号)的抑制性能、流变性能较好。因此,研究的目标是根据这些基本配方,依据不同的特性,改进聚磺钻井液,并通过研究其抑制性、封堵性和动态防塌性最终选定合适的配方。

表 4-7　10 种基本配方的性能对比

序号	配方	性能参数					回收率	
		PV/(mPa·s)	AV/(mPa·s)	n	K	FL/mL	一次/%	二次/%
1	6%坂土+0.4%FA367+0.2%JT900+3%LFD-2+2%PSC-2+1%SPNH+2%SMP+0.1%XY-27	22	35.6	0.37	7.10	7.0	85.0	76.8
2	5%坂土+3%LFD-2+2%PSC-2+2%SHP+1%SPNH+1%NPAN+0.4%KPAN	33	16.1	0.58	0.87	5.8	153.7	78.8
3	3%坂土+0.5%FA367+0.2%XY-27+0.4%JT900+3%LFD-2+2%PSC-2+1%SPNH+2%SMP+1%KCl	45	1.5	0.95	0.06	7.2	83.7	78.9
4	5%坂土+3%LFD-2+2%PSC-2+0.5%NaHPAN+0.4%80A51+2%SMP	32	11.2	0.66	0.44	8.0	84.0	73.9
5	5%坂土+0.4%FA367+0.1%XY-27+2%LFD-2+2%PSC-1+0.5%NPAN	18	3.5	0.78	0.10	6.6	71.0	85.9
6	5%坂土+0.3%FA367+0.3%JT900+3%LFD-2+2%PSC-2+1%SPNH+2%SMP+0.6%NPAN	16.5	4.4	0.72	0.14	6.0	73.7	68.2
7	5%坂土+0.3%JT900+3%LFD-2+2.5%PSC-2+1%SPNH+2%SMP+0.6%NPAN+5%KCl	37.5	24.4	0.5	1.89	5.2	85.3	77.9
8	5%坂土+0.3%JT900+3%LFD-2+2%PSC-2+1%SPNH+2%SMP+0.6%NPAN+5%KCl	7	33.2	0.13	16.3	8.8	78.9	78.3
9	5%坂土+0.3%JT900+3%LFD-2+2%PSC-1+2%MSF-2	16	5.9	0.65	0.24	5.2	79.3	77.8
10	5%坂土+0.3%FA367+0.1%XY-27+0.5%JT900+3%LFD-2+2%PSC-2+1%SPNH+2%MSF-2	28	6.8	0.74	0.20	5.5	87.3	77.6

注：七克台组钻屑清水回收率为 56%；PV 为塑性黏度，mPa·s；n 为流性指数；K 为黏度指数；FL 为滤失量，mL。

2. 钻井液配方的研究及性能调节

两性离子聚磺、钾铵基聚磺钻井液等已在吐哈油田广泛应用，现场试验证明，这些体系均具有较好的防塌能力。在这些钻井液的基础上，拟选择与各体系相配伍的处理剂，了解影响各种钻井液性能的因素，以优选配方。

1) 聚磺钻井液中处理剂对其性能的影响

在吐哈油田聚磺钻井液的基础上，确定了聚磺钻井液两种基本配方如下。

X01：5%坂土+1%JT900+3%LFD-2+2%PSC-2+FT-1 适量

X02：5%坂土+0.5%JT900+3%LFD-2+2%PSC-2+FT-1 适量

（1）向 X01 中加大 LFD-2 的量，后引入 KPAM 和 MSF，使其由聚磺钻井液向钾基聚磺钻井液转化。实验结果见表 4-8。

表 4-8　聚磺钻井液向钾基聚磺钻井液的转化实验

序号	配　方	性能参数							
		PV/(mPa·s)	AV/(mPa·s)	n	K	$\eta/\%$	FL/mL	I_m	G_{10}^*/Pa	G_{10}'/Pa
1	5%坂土+1%JT900+3%LFD-2+2%PSC-2+FT-1 适量	6.5	5.3	0.47	0.47	4.9	6.0	348	0.8	12
2	5%坂土+1%JT900+5%LFD-2+2%PSC-2+FT-1 适量	9	5.5	0.54	0.36	5.7	5.6	402	2.0	13
3	5%坂土+1%JT900+5%LFD-2+2%PSC-2+0.2%KPAM+FT-1 适量	18	7.3	0.64	0.32	10.4	5.2	358	1.5	12
4	5%坂土+1%JT900+5%LFD-2+2%PSC-2+0.2%KPAM+0.4%MSF+FT-1 适量	38	17.0	0.60	0.86	22.7	8.4	324	3.3	9.5

注：I_m 为剪切稀释系数；G_{10}^* 为初切力，Pa；G_{10}' 为终切力，Pa。

由表 4-8 可见：

① 聚磺体系中增加 LFD-2 的含量后，PV、I_m 和 n 均升高，终切力 G_{10}' 上升，滤失量降低。

② 聚磺体系中引入 KPAM 后，PV 剧增，终切力 G_{10}' 下降，滤失量 FL 下降，I_m 变化不明显。

③ 钾基聚磺体系中引入 MSF 后，PV 剧增，滤失量 FL 上升，终切力 G_{10}' 下降，n 下降，I_m 变化小（下降）。

（2）向 X02 中引入 SPNH 抗高温降滤失剂，后引入 KPAM，使其转化为钾基聚磺钻井液。实验结果见表 4-9。

表 4-9　聚磺钻井液向钾基聚磺钻井液的转化实验

序号	配　方	性能参数							
		PV/(mPa·s)	AV/(mPa·s)	n	K	FL/mL	I_m	G_{10}^*/Pa	G_{10}'/Pa
1	5%坂土+0.5%JT900+3%LFD-2+2%PSC-2+FT-1 适量	9	3.5	0.64	0.15	5.8	285	1.0	11.5
2	5%坂土+0.5%JT900+3%LFD-2+2%PSC-2+1%SPNH+FT-1 适量	8	4.3	0.57	0.24	6.5	225	2.3	17.5
3	5%坂土+0.5%JT900+3%LFD-2+2%PSC-2+1%SPNH+0.2%KPAM+FT-1 适量	10.5	6.0	0.55	0.37	—	276	0.5	12.0
4	5%坂土+0.5%JT900+3%LFD-2+2%PSC-2+0.2%KPAM+FT-1 适量	22	11.3	0.58	0.61	—	319	2.8	14.5

由表 4-9 可见：

① 聚磺钻井液中引入 SPNH 后，触变性变差，滤失量 FL 稍有所增加，终切力 G'_{10} 剧增，I_m 下降，n 下降，其他指标变化小。

② 上述体系中引入 KPAM 后，终切力 G'_{10} 剧减，PV 增加。当 KPAM 浓度超过 0.2%～0.4%时，PV 增加很快。

由聚磺钻井液向钾基聚磺钻井液转化过程中性能参数变化情况：MSF+JT900+LFD-2+PSC-2+KPAM 与 SPNH+KPAM+JT900+LFD-2+PSC-2 可作为钾基聚磺钻井液的基本处理剂组成；KPAM 在聚磺体系中质量分数范围为 0.2%～0.4%，超过此范围，性能变差（PV 剧增）；JT900 质量分数在 0.5%～1%时为宜；SPNH 质量分数为 1%时，触变性能变差（G'_{10} 为 17.5），滤失量有所增加。

2）两性离子聚磺钻井液中处理剂质量分数对流变性能的影响

根据吐哈油田广泛推广应用的两性复合离子体系配方及推荐的各处理剂质量分数，拟定其基本配方为 X03。向其中增加 FA367，XY-27，JT900 和 LFD-2，了解它们对钻井液流变参数的影响。实验结果见表 4-10。

表 4-10 处理剂质量分数对两性离子聚磺钻井液性能的影响

序号	配方	性能参数						
		PV /(mPa·s)	YP /Pa	n	K	FL /mL	I_m	G^*_{10} /Pa	G'_{10} /Pa
1	5%坂土+0.5%JT900+3%LFD-2+2%PSC-2+0.3%FA367+0.1%XY-27+FT-1 适量	12	5.3	0.82	0.25	6.4	228	1	11.0
2	5%坂土+0.5%JT900+3%LFD-2+2%PSC-2+0.4%FA367+0.2%XY-27+FT-1 适量	12	5.3	0.62	0.25	5.6	272	1	6.5
3	5%坂土+1%JT900+3%LFD-2+2%PSC-2+0.4%FA367+0.2%XY-27+FT-1 适量	14.5	0	0.73	0.27	3.8	210	1	7.5
4	5%坂土+1%JT900+4%LFD-2+2%PSC-2+0.4%FA367+0.2%XY-27+FT-1 适量	16.5	7.8	0.60	0.39	5.6	267	1.5	9.5

注：YP 为动切力，Pa。

(1) 该两性离子聚磺钻井液中，FA367 质量分数为 0.4%、XY-27 质量分数为 0.2%时较好，XY-27 质量分数为 0.1%～0.2%时，G'_{10} 均降低，且 FA367 及 XY-27 的质量分数增大，滤失量降低。

(2) 该两性离子聚磺钻井液中，JT900 的质量分数增加，PV 增大，n 增加，I_m 降低。

(3) 增加 LFD-2 可使 PV、YP、I_m 和 G'_{10} 增加，n 减小，滤失量变化不大。

在 FA367+XY-27+JT900+LFD-2+PSC-2 组成的两性离子聚磺钻井液中，FA367 的质量分数应在 0.2%～0.4%之间，XY-27 在 0.1%～0.2%之间，JT900 在 0.5%～1%之间，LFD-2 在 3%～4%之间，PSC-2 在 2%左右。在此范围内可调节各自配比，使其满足设计方案中所提出的各参数的范围。

根据上述实验，可初步选出钾基聚磺钻井液与两性离子聚磺钻井液的三个配方（X04，X05 和 X06），用优选处理剂配制并经 80℃，16 h 老化后的性能见表 4-11。由表可见，这几种配方的高温流变性较好。

表 4-11 温度对优选配方流变性的影响

编号	配 方	性能参数								备注
		PV /(mPa·s)	YP /Pa	n	K	FL /mL	I_m	G_{10}^*	G_{10}'	
X04	5%坂土+1%JT900+3%LFD-2+ 3%PSC-2+0.2%KPAM+FT-1 适量	16	6.75	0.83	0.31	5.0	273	1.3	10.8	
		13	2.75	0.77	0.08	6.8	51	0.0	0.5	80 ℃, 16 h
X05	5%坂土+1%JT900+3%LFD-2+ 2%PSC-2+0.4%FA367+0.2%XY-27+ FT-1 适量	14	0.5	0.60	0.32	5.4	245	1.0	9.5	
		16	6.0	0.65	0.25	5.2	208	0.5	4.3	80 ℃, 16 h
X06	5%坂土+0.5%JT900+3%LFD-2+ 2%PSC-2+0.2%KPAM+1%SPNH+ FT-1 适量	13	6.5	0.59	0.35	4.8	304	1.3	13.0	
		14	5.0	0.66	0.19	6.0	178	1.0	7.5	80 ℃, 16 h

3) 钻井液配方的改进及最终配方的确定

(1) 正电胶 MSF-2 对钻井液性能的影响。

正电胶钻井液是 20 世纪 80 年代末期发展起来的新型防塌钻井液,曾在吐哈油田两口井(S519 井和 S711 井)中试用过。正电胶 MSF-2 是一种混合金属层状氢氧化物,可在钻井液中形成正电胶体,改变钻井液的电性。它与正电胶金属离子钾离子、铝离子、钙离子等相似,能够降低黏土表面的 ζ 电位,削弱其水化效应,从而稳定井壁。同时,它也是一种较理想的调节钻井液流型的处理剂。为了解正电胶 MSF-2 对钻井液流变参数的影响,以 5%坂土做基浆,对其性能进行测试。测试结果见表 4-12。

表 4-12 正电胶 MSF-2 质量分数对流变性的影响

序号	配 方	性能参数				
		PV /(mPa·s)	YP /Pa	n	K	I_m
1	5%坂土+0.2%MSF-2	7	13.3	0.27	3.4	143
2	5%坂土+0.4%MSF-2	9	43.5	0.13	21.9	318
3	5%坂土+0.6%MSF-2	2.5	76.3	0.02	68.6	368

由表 4-12 可见:

① 正电胶 MSF-2 质量分数增加可使 YP 剧增,这大大提高了钻井液的携岩能力;

② 正电胶 MSF-2 质量分数增加,I_m 增加,n 剧减,有利于提高钻速。

另外,含有正电胶的聚磺两性体系均具有较强的防塌能力,且比两性体系的防塌能力更好,这可由回收率间接验证(如表 4-7 中 10 号配方),因此正电胶 MSF-2 是一种较好的防塌剂和流型调节剂。

(2) 正电胶 MSF-2 及 KCl 的引进。

鉴于正电胶 MSF-2 是一种防塌能力强、调节流型良好的处理剂,因此拟向 X04,X05 和 X06 钻井液体系中引入正电胶 MSF-2,以提高钻井液体系的携岩能力、防塌能力,以及实现流变参数的合理化。作为一种公认的传统防塌处理剂,KCl 钻井液具有很好的防塌抑制能力,这可从表 4-7 中看出(3 号、8 号),因此拟向 X06 配方中引入 KCl。同时,为了了解各配方的抗高温能力,进行了热滚动实验。实验结果见表 4-13。

表 4-13 优选配方性能的改善与抗温实验

编号	配 方	性能参数								备注
		PV /(mPa·s)	YP /Pa	n	K	FL /mL	I_m	G_{10}^*	G_{10}'	
X041	5%坂土+1%JT900+3%LFD-2+3%PSC-2+0.2%KPAM+0.2%MSF-2+FT-1 适量	14.5	4.5	0.69	0.16	4.5	148	0.5	7.0	
		12	2.0	0.81	0.05	6	47	0.5	1.8	80 ℃,16 h
X051	5%坂土+1%JT900+3%LFD-2+2%PSC-2+0.4%FA367+0.2%XY-27+0.2%MSF-2+FT-1 适量	15.5	7.0	0.61	0.34	5	138	0.5	6.5	
		14	3.75	0.72	0.12	6	109	0.8	1.5	80 ℃,16 h
X061	5%坂土+0.5%JT900+3%LFD-2+2%PSC-2+0.2%KPAM+1%SPNH+0.2%MSF-2+FT-1 适量	15	8.25	0.56	0.48	6.2	512	2.0	16.5	
		16	3.75	0.75	0.11	7	102	1.0	6.3	80 ℃,16 h
X062	5%坂土+0.5%JT900+3%LFD-2+2%PSC-2+0.2%KPAM+1%SPNH+1%KCl+FT-1 适量	18	25.0	0.34	4.2	—	5 881	12.0	33.0	
		16	20.3	0.36	3.06	6.8	2 703	12.0	25.5	80 ℃,16 h

由表 4-13 可见:

① 引入正电胶 MSF-2 后,钻井液的室温性能良好,动塑比大,流型合理,水眼黏度低,滤失量小,触变性能变好,但高温(80 ℃)后,性能变差(YP 剧减)。因此,正电胶 MSF-2 抗温性差,不宜用于 3 000 m 以上的井中;如果要用,则应适当增加体系中的坂土含量,以发挥其作用。

② 引入 KCl 后,钻井液性能变差,终切力升高剧烈,且高温后 YP 仍很高,动塑比小,触变性能差,流变参数不合理,且性能指标很难控制。

③ JT900 含量较高的聚磺体系(X041)较 JT900 含量较低、SPNH 含量较高的聚磺体系(X061 和 X062)抗温性差。

(3) KNPAN 的引进,SPNH 替代 JT900 及两性离子的复配实验。

根据有关资料,双聚铵盐 KNH_4PAN(KNPAN)是一种很好的防塌降滤失剂,它与 KPAM 具有良好的配伍性,因此拟在原配方中引进 KNPAN,以提高防塌能力,并将两性离子进行复配,从而调节钻井液流变性能。同时,用 SPNH 替代原配方中的部分 JT900 以提高抗温能力,并对配方进行 80 ℃,16 h 和 120 ℃,16 h 的抗温实验。实验结果见表 4-14。

表 4-14 温度及降失水剂对优选配方的性能影响

编号	配 方	性能参数									备注
		PV/(mPa·s)	YP/Pa	n	K	$\eta/\%$	FL/mL	I_m	G_{10}^*	G_{10}'	
X042	5%坂土+3%LFD-2+3%PSC-2+1%SPNH+0.2%KPAM+0.4%FA367+0.5%KNPAN+FT-1 适量	26.5	9.3	0.67	0.36	16.2	5.4	276	3.0	15.0	
		20.5	8.5	0.63	0.38	14.2	6.5	219	2.0	8.3	80 ℃, 16 h
		18.5	9.5	0.58	0.52	12.1	5.8	316	1.8	6.0	120 ℃, 16 h
X05	5%坂土+0.4%FA367+0.2%XY-27+1%JT900+3%LFD-2+2%PSC-2+FT-1 适量	14.0	6.5	0.60	0.32	9.7	5.2	245	1.0	9.5	
		16.0	6.0	0.65	0.25	11.0	5.2	203	0.5	4.3	80 ℃, 16 h
X063	5%坂土+5%LFD-2+3%PSC-2+0.2%KPAM+0.5%KNPAN+1%SPNH+0.2%JT900+0.2%XY-27+FT-1 适量	15.5	8.8	0.56	0.53	10.7	6.0	302	1.5	9.5	
		13.0	8.0	0.53	0.53	9.8	6.0	256	0.5	4.3	80 ℃, 16 h
		15.0	10.5	0.50	0.80	9.4	4.8	472	1.8	6.0	120 ℃, 16 h
X064	5%坂土+5%LFD-2+3%PSC-2+0.2%KPAM+0.5%KNPAN+1%SPNH+0.5%JT900+0.2%XY-27+FT-1 适量	17.0	6.5	0.65	0.27	10.3	5.6	306	1.5	4.5	
		15.0	12.3	0.46	1.12	10.0	6.2	478	1.5	6.0	80 ℃, 16 h
		19.0	8.0	0.63	0.36	11.9	6.4	299	1.8	13.5	120 ℃, 16 h
X043	5%坂土+3%LFD-2+3%PSC-2+0.5%SPNH+0.4%KPAM+0.5%KNPAN+0.2%JT900+0.2%XY-27+FT-1 适量	18.0	8.8	0.59	0.45	12.6	8.0	249	1.5	9.3	
		22.0	6.5	0.70	0.22	16.3	9.0	130	1.0	1.8	80 ℃, 16 h
		21.0	11.3	0.57	0.64	14.3	6.8	305	2.0	4.0	120 ℃, 16 h
X044	5%坂土+3%LFD-2+3%PSC-2+0.5%SPNH+0.4%KPAM+0.5%KNPAN+0.1%XY-27+FT-1 适量	20.0	10.3	0.58	0.56	14.2	6.8	250	2.0	12.5	
		20.0	9.8	0.59	0.51	14.1	7.2	242	2.0	4.3	80 ℃, 16 h
		19.5	12.5	0.52	0.87	13.4	5.4	345	1.8	5.0	120 ℃, 16 h
X052	5%坂土+0.4%FA367+0.2%XY-27+0.5%SPNH+3%LFD-2+2%PSC-2+0.5%JT900+FT-1 适量	12.5	6	0.60	0.31	8.4	6.0	280	1.0	7.5	
		14.0	6.5	0.60	0.32	9.7	7.0	245	1.0	6.5	80 ℃, 16 h
		13.5	9.8	0.50	0.77	8.3	5.8	512	1.8	7.5	120 ℃, 16 h

由表 4-14 可见：

① 将两性离子复配并选择与之相适应的处理剂，也能得到性能很好的钻井液(如 X042,

X043,X044)。

② 将 KNPAN 引入铝基聚磺体系(X063,X064,X043,X044),钻井液室温滤失小,80 ℃后稍增(如 X043),但 120 ℃后又下降,黏度稳定,携岩能力好,水眼黏度低,触变性能良好(X043 优于 X064 和 X044)。

③ 用 SPNH 替代部分 JT900 后,体系的抗温能力增强,在上述体系中保持 JT900 与 SPNH 比例近乎相等或稍小,效果良好(如 X063,X064,X043),降滤失作用显著。

根据上述实验结果,优选出 4 个基础配方,它们分属 3 种体系,重新编号列于表 4-15 中。

表 4-15 优选的 4 种基础配方

新编号	旧编号	泥浆配方	体系
XA01	X042	5％坂土＋0.2％KPAM＋0.4％FA367＋3％LFD-2＋3％PSC-2＋1％SPNH＋0.5％KNPAN＋ FT-1 适量	钾基聚磺钻井液
XA02	X05	5％坂土＋0.4％FA367＋0.2％XY-27＋1％JT900＋3％LFD-2＋2％PSC-2＋FT-1 适量	两性离子聚磺钻井液
XA03	X064	5％坂土＋5％LFD-2＋3％PSC-2＋0.2％KPAM＋0.5％KNPAN＋1％SPNH＋0.5％JT900＋0.2％XY-27＋ FT-1 适量	钾铵基聚磺钻井液
XA04	X044	5％坂土＋3％LFD-2＋3％PSC-2＋0.5％SPNH＋0.4％KPAM＋0.5％KNPAN＋0.1％XY-27＋ FT-1 适量	

3. 优选配方的分散抑制性

为了验证上述优选配方的分散抑制性,选 TAC2 井全井岩样做 120 ℃,16 h 热滚回收率(R_{30})实验,并取七克台组和齐古组岩屑做 CST 实验。实验结果表明,这几种配方的钻井液能有效地抑制地层分散。

4. 优选配方的膨胀抑制性

取 TAC2 井齐古组(3 540～3 650 m)泥岩岩屑为样品,用 4 种基础配方的 API 失水滤液作为实验溶液,测定吸附膨胀时间和 NP-01A 的 2 h,8 h 和 16 h 线膨胀量,评价其对大段泥页岩的膨胀抑制性。实验结果见表 4-16。从表中可以看出,岩粉在这几种滤液中的线膨胀量及 $M_{5\,000}$ 都极低,基本上可以认为不膨胀,说明这 4 种基础配方均具有极好的膨胀抑制性。

表 4-16 优选配方的膨胀抑制性

配方编号	Ensulin 膨胀特性			NP-01A 线膨胀量/mm		
	$M_i/(g \cdot g^{-1})$	N	$M_{5\,000}/(g \cdot g^{-1})$	2 h	8 h	16 h
XA01	0.241	0.117	0.053	0.46	0.73	1.1
XA02	0.185	0.135	0.584	0.39	0.62	1.01
XA03	0.292	0.122	0.825	0.52	0.85	1.17
XA04	0.264	0.103	0.635	0.44	0.74	1.08

5. 优选配方的滤失造壁性

为了评价并优选基础配方的滤失造壁性,分别进行了标准滤失及 HTHP(100 ℃,3.5 MPa)滤失实验,测定其泥饼厚度 H_t 和最大强度 p_f,并在基础配方中分别加入 3%QCX-1+1%DF-1。实验结果见表 4-17。从实验结果分析,所选几种基础配方本身滤失量略高,泥饼状况欠佳,但配合超细 $CaCO_3$ 和单封 DF-1 后,API 滤失量和 HTHP 滤失量都大为降低,尤其是泥饼变得致密,强度大为提高,说明暂堵剂对提高这些体系的泥饼质量至关重要。加重后,由于体系中惰性固相的增加,其泥饼质量还会进一步提高,经加重后,泥浆滤失性能变化不大,但泥饼更致密、坚固,内聚力剧增,封堵效果极为明显。需要说明的是,30 min 的 HTHP 泥饼不易取全,有时是在半个泥饼上测得其质量参数,可能会不太准确。

表 4-17 优选配方的造壁性实验

序号	体系配方	API 滤失实验			HTHP 滤失实验		
		FL/mL	H_t/mm	p_f/MPa	FL/mL	H_t/mm	p_f/MPa
1	XA01	5.4	0.42	216	19.6	0.87	1 055
2	2 号加重至 1.30 g/cm³	3.0	0.53	304	10.0	2.33	380
3	XA02	5.2	0.53	146	16.2	1.25	95
4	5 号加重至 1.30 g/cm³	2.8	0.65	237	10.5	2.48	325
5	XA03	5.6	0.36	183	16.8	0.76	86
6	8 号加重至 1.30 g/cm³	3.4	0.48	289	9.5	1.50	370
7	XA04	8.8	0.39	194	21.0	0.88	114
8	10 号加重至 1.30 g/cm³	3.8	0.54	317	12.0	2.12	—

6. 优选配方的抗污染实验

分别将 TAC2 井的齐古组(3 540~3 650 m)泥页岩岩样(粉至 100 目以下)10%加入优选出的 4 种基础配方钻井液中,测试其抗污染能力。实验结果见表 4-18。从表中可以看出,大量的岩粉对钻井液体系的影响不算太大,仅使黏度升高,滤失量降低,其他性能变化不大。总体来说,这 4 种基础配方钻井液具有较强的抗岩屑污染能力。

表 4-18 优选配方的抗岩屑污染能力对比

序 号	配 方	AV/(mPa·s)	PV/(mPa·s)	YP/Pa	n	FL/mL	G_{10}^*	G_{10}'	pH
1	XA01	50	26.5	9.3	0.67	5.4	3.0	15.0	8.5
2	XA01+10%岩粉	62	29	8.5	0.71	4.8	4.5	20.0	8.5
3	XA02	45	14	6.5	0.60	5.2	1.0	9.5	8.5

续表

序 号	配方	AV /(mPa·s)	PV /(mPa·s)	YP /Pa	n	FL /mL	G_{10}^*	G_{10}'	pH
4	XA02+10%岩粉	59	18	5.5	0.70	4.8	2.5	13.5	8.5
5	XA03	36	17	6.5	0.65	5.6	1.5	4.5	8.5
6	XA03+10%岩粉	54	19	6.0	0.69	5.0	2.5	8.0	8.5
7	XA04	50	20	10.3	0.58	6.8	2.0	12.5	8.5
8	XA04+10%岩粉	68	22	8.8	0.64	5.2	2.5	14.0	8.5

综合上述各项实验结果,可以得出如下认识:优选出的 XA01,XA02,XA03 和 XA04 这 4 种基础配方所代表的钾基聚磺钻井液、两性离子聚磺钻井液、钾铵基聚磺钻井液体系均具有较好的流变性,抑制分散和膨胀的能力强,造壁性好,适应能力强。特别是将这些配方的钻井液用于 SB 构造时,因需加重而引入 DF-1,QCX-1,$BaSO_4$ 等后,其性能变化不大,造壁性趋向好转,泥饼质量得到改善,能适应钻硬脆性泥页岩的要求。

4.3 大段泥页岩井壁稳定安全钻井工艺技术

在稳定井壁的钻井液技术研究的基础上,借助优化钻井理论,结合吐哈台北凹陷钻井实际,提出了适合 SB 构造的合理钻头选型、井身结构和钻井工艺参数。

4.3.1 构造岩石可钻性及钻头选型

合理的钻头选型及其使用是钻井工程人员所关心的问题。在长期的实践过程中,钻井工程人员已摸索出许多行之有效的钻头选型方法,但应用最广泛的方法是利用岩石可钻性和硬度所提供的信息进行钻头选型。吐哈油田钻井工艺研究所就台北凹陷岩石可钻性与钻头选型进行了大量的研究,其结果已在吐哈油田获得较好的应用。下面以此为基础,结合综合成本钻速模型、SB 区块已钻邻井钻头使用及库存情况,提出 SB 构造合理的钻头选型推荐系列,力争使钻头使用最优化、标准化,以提高钻速、降低成本。

1. 牙轮钻头选型

表 4-19 为牙轮钻头选型与岩石可钻性级值之间的对应关系。SB 构造牙轮钻头选型系列结果见表 4-20,图 4-9 为 SB 构造岩石物理机械特性曲线。由于西山窑组以下地层没有相关基础资料,故同时列出 SL 构造的钻头选型推荐结果,供 SB 区域选钻头时参考。

表 4-19 牙轮钻头选型与岩石可钻性级值对应关系

岩石类型	软				中			硬		
可钻性级别	一	二	三	四	五	六	七	八	九	十
可钻性级值	≥2	1~2	0.5~1	0.3~0.5	0.1~0.3	0.06~0.1	0.03~0.06	0.01~0.03	0.008~0.01	0.004~0.008
ATJ-05,ATM-05										
R1,J1,X2A,J11										
ATJ-11,ATM-11,R435										
J11C,ATJ-11C,ATM-11C										
R2,J2,J22,X22,HP2										
ATJ-22,ATM-22										
J22C,ATJ-22C,ATM-22C										
R3,J3,X33,J33										
J33H,ATJ-33,ATM-33										
J33C,ATJ-33C,ATM-32C										
R4,J4,JG4,X44,J44										
ATJ-44										
J44C,J55,DR5										
ATJ-44C,ATJ-55R										
J55,ATJ-55										
J7,JG7,J77,ATJ-77										
J8,JG8										
J99,ATJ-99										

表 4-20 SL 和 SB 区块地层性质与钻头选型

区块	地层	井段/m	段长/m	牙轮钻头岩石可钻性级值	PDC钻头岩石可钻性级值	岩石硬度/MPa	岩石抗剪强度/MPa	岩石塑性	推荐钻头选型
SL区块	J₂q	1 110~1 200	100	3.08	0.92	703	3.89	1.43	J11
	J₂s	1 200~1 540	340	3.21	0.99	758	4.17	1.43	J11
	J₂x	1 540~1 880	340	3.81	1.37	1 044	5.60	1.44	J22
	J₂x	1 880~2 500	620	3.78	1.35	1 001	5.55	1.44	J22
	J₁s	2 500~2 800	300	4.61	1.99	1 449	7.90	1.43	J22C,J22
	J₁b	2 800~3 240	440	5.16	2.39	1 709	9.20	1.42	J22C,J22
	J₁b	3 240~3 536	296	5.60	2.66	1 891	10.09	1.42	J22C,J22
SB区块	K₁h	2 120~2 376	256	4.80	1.93	727	7.72	1.59	X2A,ATM-11,J11C,J22
	K₁h	2 376~2 677	301	4.83	1.77	711	7.07	1.60	X22,ATM-11,J22C,J22
	J₃q	2 977~3 804	827	6.12	2.75	1 077	10.52	1.42	J22
	J₂q	4 025~4 337	312	6.75	3.24	1 241	12.18	1.38	ATM-22,ATJ-22,J22,J22C
	J₂s	4 337~4 648	312	7.83	4.28	1 507	15.88	1.26	ATM-22,ATJ-22,J22,J22C
	J₂s	4 648~5 000	352	8.06	4.82	1 745	17.57	1.20	ATM-22,ATJ-22,J22,J22C

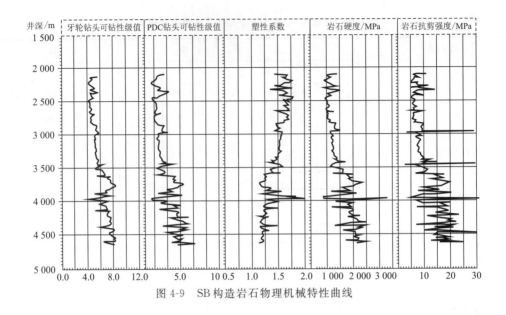

图 4-9 SB 构造岩石物理机械特性曲线

2. PDC 钻头选型

根据目前吐哈油田 PDC 钻头的使用情况，认为 PDC 钻头适用于可钻性级值小于 6 级、岩石硬度值小于 1 400 MPa 的地层。此外，在 PDC 钻头选型方面应注意钻头的轮廓和布齿方式。表 4-21 和表 4-22 分别为常用的 PDC 钻头适用范围及轮廓选用表，表 4-23 为岩石强度（硬度）与相应的金刚石钻头。

表 4-21 川石克里斯坦森 PDC 钻头适用范围

轮廓形状	适用范围
短抛物线形	软—中、有硬夹层的地层
浅锥形	软—中、匀质及过渡带地层
抛物线形	中—中硬地层，耐磨
阶梯形	软地层

表 4-22 金刚石钻头轮廓选用表

轮廓形状	适用范围
弹道形	PDC 钻头，软地层，井下动力及转盘钻具，耐磨
浅内锥	PDC 钻头，软—中、匀质及过渡带地层，适用范围广
深内锥	PDC 钻头，中软地层，井斜控制
长锥	PDC 钻头，中—中硬、夹层及过渡带地层
中锥	ND 和 TSP 钻头，中—中硬地层
短锥	ND 和 TSP 钻头，中硬—硬地层

续表

轮廓形状	适用范围
抛物线形	ND 钻头,中—中硬地层,耐磨
圆 形	ND 钻头,硬地层,耐磨
准平顶形	PDC,ND 和 TSP 钻头,软—硬地层,侧钻造斜

表 4-23 岩石强度(硬度)与相应的金刚石钻头

岩石强度 (硬度)	抗压强度 /(kgf·cm^{-2})	岩 性	推荐使用钻头
极低强度 (极软)	280	黏土页岩、软质页岩、泥岩、疏松砂岩	大复合片钻头 PDC 钻头
低强度 (软)	280～560	泥质砂岩、泥岩页岩、石膏、盐岩层粉砂岩	PDC 钻头 马赛克钻头
中等强度 (中硬)	560～1 400	砂质及斑垩质石灰岩、泥灰岩、中等硬度砂岩、硬页岩、砂砾岩	某些 PDC 钻头 马赛克钻头 马拉斯钻头
高强度 (硬)	1 400～2 250	硬质粉砂岩、硬白云岩、结晶石灰岩、脆性页岩、硬质砂岩	巴拉斯钻头 马赛克钻头 天然金刚石钻头
极高强度 (极硬)	>2 250	极致密砂岩、燧石、火成岩及变质岩,少数硬质砂岩	小钻石天然金刚石钻头 孕镶式金刚石钻头

注:1 kgf/cm^2=98 066.5 Pa。

3. 牙轮钻头合理使用时间的确定

由于牙轮钻头的牙齿和轴承等部件的使用寿命较短,所以其失效形式主要为牙齿磨损和轴承磨损。牙齿磨损在钻井指标上主要表现为钻头机械钻速降低,而轴承磨损在钻进期间(特别是定向井、水平井)难以判断。现场预测钻头起出时间主要依据以往的使用经验。由于钻头轴承故障前寿命具有随机变量特征,在钻进作业中作业者需对钻头使用时间做出合理的评价和决策:一方面希望钻头获得尽可能多的进尺,提高钻头的使用效益;另一方面又担心牙轮掉落事故,导致钻井时间和费用的损失。

1) 寿命评价分析

钻头轴承损坏危险的可靠性分析是一项确定部件在最终磨损成疲劳损坏前有多长使用期的技术。可靠性的定义为:系统在规定的环境条件下工作时,在规定的期限内圆满地完成其预定功能的概率。

根据可靠性理论,钻头的故障概率作为时间的函数可以定义为:

$$P(t \leqslant t_1) = F(t) \tag{4-1}$$

$$R(t) = 1 - F(t) \tag{4-2}$$

式中 P——钻头的故障概率;

t——故障前时间的随机变量;

t_1——钻头的故障前时间;

$F(t)$——时间 t 之前发生故障的概率;

$R(t)$——可靠性函数。

如故障前时间随机变量 t 的密度函数为 $f(t)$,则有:

$$R(t) = 1 - F(t) = 1 - \int_0^t f(t) \mathrm{d}t = \int_t^\infty f(t) \mathrm{d}t \tag{4-3}$$

设钻头故障前使用寿命随机变量近似服从正态分布,则有:

$$R(t) = \int_t^\infty f(t) \mathrm{d}t$$

$$f(t) = \frac{1}{2\prod \sigma} \mathrm{e} - \frac{(t-\mu)^2}{2\sigma^{-2}} \tag{4-4}$$

$$E(x) = \mu, \quad V(x) = \sigma^2 \tag{4-5}$$

式中 μ——数学期望;

σ——标准差;

e——数学常数,e=2.718 28;

Ⅱ——积运算符号;

$R(t)$——钻头寿命可靠性;

$f(t)$——故障前时间随机变量的密度函数;

$E(x)$——钻头使用寿命的数学期望,h;

$V(x)$——钻头使用寿命的标准差,h。

通过对吐哈油田 84 只 216 mm 牙轮钻头的磨损分析,其数学期望 $E(x)$ 为 74.24 h,标准差 $V(x)$ 为 19.13 h。

2) 风险决策模型

确定合理的钻头使用时间实质上是一个决策问题。根据决策理论,广泛采用的模型的基本结构为:

$$V = F(A_i, S_j) \tag{4-6}$$

式中 V——价值;

A_i——决策者所能控制的因素;

S_j——决策者无法控制的因素。

换个角度来说,A_i 可以表示决策者为应付 S_j 所能采取的对策方案,S_j 则可以当作未确定的因素。

上面所讨论的决策问题属于风险性决策,即对各种多元因素下的情况以及决策者采用某一行动后可能产生的后果是无法确定的,但其出现的概率可依据过去的经验,以统计分析作依据建立风险决策模型:

$$C(t) = R(t)C_\mathrm{m} + F(t)(C_\mathrm{m} + R_\mathrm{c} t^* / F) \tag{4-7}$$

式中 $C(t)$——钻头寿命期间风险进尺成本,元/m;

C_m——进尺成本,元/m;

R_c——钻机作业费,元/h;

t^*——钻头失效后故障处理时间,h;

F——钻头进尺,m。

由式(4-7)可以看出,钻井风险进尺成本由两部分构成:一是无风险进尺成本;二是可能产生钻头事故的风险费用。

3) 钻头合理使用时间的确定

前面介绍了钻头寿命可靠性分析方法,并建立了相应的决策模型。在实际工程应用中,以钻井风险进尺成本最小为决策目标。

钻头合理使用时间 $Topt$ 为:

$$Topt = B/(R_c t^*) + tr/t^* + \frac{F(t)}{f(t)} \tag{4-8}$$

式中 B——钻头成本,元/只;

tr——起下钻作业时间,h。

在某些特定条件下,风险进尺成本可能无极小值,这时钻头合理使用时间为:

$$Topt = E(x) \approx \mu \tag{4-9}$$

以上所提出的钻头合理使用时间的确定方法是基于对钻头正常使用,在井下工况难以判断的前提下。当对井下情况判断准确,钻头轴承损坏的征兆有所显示时,应及时起钻并更换钻头。

4.3.2 合理井身结构与钻具组合

1. 合理井身结构设计

井身结构设计是钻井工程中最基础的设计内容,合理的井身结构是维护钻井工程安全和提高钻井经济指标的重要保证,以井眼地层压力系统剖面为重要依据,同时综合考虑操作者的钻井工艺水平。设计合理井身结构的主要目的是确定安全钻达目的井深所需的套管层次及其下深,并选择套管和井眼尺寸。目前根据钻头和套管系列合理确定井眼大套管间隙及尺寸已标准系列化,因此设计中主要是确定套管层次及其下深。

1) 确定井身结构的要求

(1) 钻下部地层压力较高的井段时,所用钻井液产生的液柱压力不允许压漏上部地层,否则考虑用套管封固上部破裂压力较低的地层。

(2) 保证在钻成的井眼中下套管时不会因井内液柱与裸眼井段地层之间的压力差引起卡套管等复杂情况。

(3) 尽可能实现近平衡钻井,达到保护油气层的目的。

(4) 避免在钻井过程中出现漏、喷、塌、卡等事故。

2) 确定井身结构的原理与步骤

(1) 井眼-地层压力系统。

不同的钻井地区,其地层压力分布状态是不同的。对钻井工程影响最大的地层压力有地层孔隙压力、地层破裂压力以及地层坍塌压力(当量钻井液密度表示分别为 ρ_p, ρ_f, ρ_t)。确定这些地层压力的方法有很多种,这里采用吐哈油田钻井工艺研究所应用声波测井资料和小型压裂资料对 TAC2 井的处理结果。试验井初步应用表明效果较好。

井身结构随着井眼压力分布的不同而不同。井眼压力由钻井中井内钻井液柱及由于操作而引起的附加压力组成。井眼压力当量钻井液密度用 ρ_m 表示。

合理的井身结构要保证在整个钻井过程中,各种工况下裸眼井段内各点的液柱压力密度与地层压力系统满足确定的关系,且是与井眼裸露时间有关的量,只有满足这两个条件的井身结构才是安全的。

(2) 确定井身结构的步骤。

套管按其功用分为油层套管、技术套管与表层套管三类。其中油层套管的下深主要取决于采油所用的完井方式;技术套管的下入层次可能是多层;套管设计顺序与实际下入顺序恰好相反,即从最后一层向上设计,最后确定表层套管的下深。

(3) 校核套管下入时是否遇卡及其确定遇卡情况下的最大下深 H_f。

(4) 确定尾管的最大下深。

当套管可以顺利下至设计深度 H_{br} 处时,直接进行相应的工作;当 $H<H_{br}$ 时,说明上层套管无法下到设计位置,此时考虑下尾管,可根据 H 处地层的破裂压力梯度确定尾管的下深,计算尾管下深点 H_t 处的地层孔隙压力 p_o。

(5) 确定是否进行其他层次套管设计。

(6) 确定表层套管下深。

表层套管下深主要根据浅部地层的特点确定,当设计的第一层技术套管下深较浅时,也可根据地表层特点,综合考虑并确定表层套管的下深。

3) 设计系数的确定

在上述设计原理与步骤中出现了抽汲压力系数、激动压力系数、压差卡钻允值(正常层和异常层)、安全系数 S_t、安全系数 S_h 等 6 个工程系数。它们从侧面反映了钻井工艺水平的高低,通过一定的理论分析和现场实际钻井资料的统计回归可以确定它们的取值范围。表 4-24 给出了国内外文献资料中常用井身结构设计系数。

表 4-24 常用井身结构设计系数表

序号	抽汲压力系数 /(g·cm^{-2})	激动压力系数 /(g·cm^{-2})	压差卡钻允值		安全系数 S_t /(g·cm^{-2})	安全系数 S_h /(g·cm^{-2})
			正常层 Δp_n/MPa	异常层 Δp_a/MPa		
1	0.036	0.036	16.8	21.7	0.024	0.06
2	0.050~0.008	0.07~0.10	11.8	14.7	0.03	0.060~0.014
3	0.024~0.048	0.024~0.048	11.0~17.0	14.0~22.0	0.024~0.048	0.06
4	0.06	0.06	18.7	21.6	0.024	0.08
5	0.015~0.049	0.015~0.049	11.8~14.7	14.7~19.6	0.02~0.03	0.06~0.10
6	0.03~0.07	0.04~0.08	11.0~13.0	12.0~14.0	0.03~0.05	0.05~0.00

4) 必封点位置确定

必封点是钻井过程中一些特殊的地层位置点。必封点处地层的岩性、胶结情况容易引起井下复杂事故,而目前钻井工艺水平还不能对其有效进行封堵,必须用套管加以封隔,才能保证其下部地层的安全钻进。必封点的确定是根据钻井实践经验总结得来的。

SB 区块的必封点有:

第一必封点位于表层第四系砾石层底界;

第二必封点位于侏罗系底界与侏罗系顶界;

第三必封点位于三叠系底界与三叠系顶界。

吐哈油田会战以来的钻井实践表明,在 SB 区块勘探评价阶段,对于井深小于 4 000 m 的井,第二、第三必封点都可考虑不封,即采用二开井身结构;对于井深不超过 5 000 m 的井,第二必封点可考虑不封,即采用三开井身结构;对于井深超过 5 000 m 的探井,三个必封点都要考虑封住,即采用四开井身结构。到开发阶段,SB 区块的地层压力特征、岩性特征都十分清楚以后,可相应地考虑减少一个套管层次。

2. 钻具组合与井斜控制设计

井身结构和井斜控制设计决定了下部钻具的组合设计。地层造斜性及井斜控制预测主要有两种方法:一是利用邻井资料进行反推计算;二是在缺乏参考井或没有参考井资料的情况下,利用地质资料进行理论计算。吐哈油田钻井工艺研究所的研究结果表明,SB 构造地层造斜级别为 1~2 级,属轻微造斜级别。也就是说,从地层因素方面来看,地层本身的造斜特性对井斜角的影响较小。对于 311.2 mm 以下的井眼,由于钻头与钻铤的径差较小,钻头的偏转角也小,井斜角不需要采用特殊手段便可控制在设计范围内。对于 444.5 mm 以上的井眼,由于钻头与钻铤之间的径差较大,当使用光钻铤时,钻头偏转角也大,使得井斜角增大。为了避免这种情况发生,660.4 mm 和 444.5 mm 井眼中的下部钻具宜采用带稳定器的钟摆钻具组合,如图 4-10 所示。对于三开以内的井,444.5 mm 井眼中的稳定器可以视具体情况而不带。对于稳定器以上的钻铤,选用无特殊要求,只需满足加入钻铤重量等于最大钻压的 1.25 倍即可。第三次和第四次开钻原则上要使用减震器。

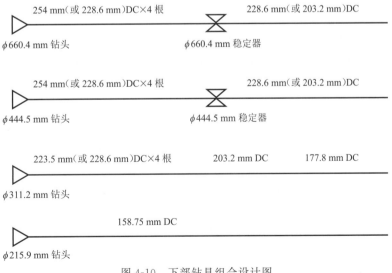

图 4-10 下部钻具组合设计图

4.3.3 钻井工程分段施工要点

1. 一开钻进措施

(1) 严格按要求安装设备,达到平、稳、正、全、牢。转盘、井口中心在同一铅垂线上,偏差小于 10 cm,经动负荷试运转 2 h 正常,并经验收合格后方可正式开钻。

(2) 开钻前要按设计要求做好一切准备工作,切实做到准备充分、措施落实。

(3) 为开钻后能顺利钻穿砾石层,开钻前必须按钻井液设计配好钻井液,开钻原则是大排量、高相对密度、高黏度。

(4) 刚开钻时应把井身质量放在首位,前 20 m 应用高悬猫头绳吊住水龙带,平衡其重量,每钻 2～3 m 用水平心找正一次方钻杆。

(5) 为保证井身质量,刚开钻时钻压要轻,下放速度要慢,反复划眼,修好井壁,如条件允许也可用较高转速。

(6) 每 100～200 m 测斜一次,在井斜不大的情况下测斜井段可以放宽,严格控制钻速,不得抢速度。

(7) 表层套管下入时一定要下至目的层深度,封住砾石层,进入葡萄沟组不得少于 20 m,尽量不留或少留口袋。

(8) 本井段单泵不能打钻,如果设备满足不了要求,宁可降低泵压也要保证满足排量的要求。

(9) 做到早开泵、晚停泵,接单根要迅速,防止堵水眼憋泵;钻进中用好除砂、除泥装置,防止钻井液恶性循环;起钻前充分循环钻井液,防止坍塌和沉砂,以便顺利下套管。

2. 二开、三开、四开钻进措施

(1) 按设计要求选择合适的钻头类型,并配合优化钻井参数,以提高钻头的使用效果。一般要求高泵压、大排量,并配以适当的钻压和转速,优选喷嘴尺寸,提高喷射效率,采取一切可行措施,防止堵水眼。

(2) 坚持短起下钻制度,保证起下钻畅通,尤其是在易缩径井段更应如此。一般情况下,1 500 m 以内每钻进 200～300 m 或纯钻时间为 35～40 h,深于 1 500 m 每钻进 100～200 m 或纯钻时间为 40～50 h,必须短起下钻一次。起钻过程中如遇阻要反复划眼,直到畅通无阻再下到井底继续钻进。

(3) 本区齐古组与七克台组、七克台组与三间房组、三间房组与西山窑组交界面易垮塌,应尽量避免在这三处起钻。当钻具在井下因特殊情况或其他工作需要停钻时,必须坚持 1～3 min 活动一次钻具。全井用好随钻震击器,防止卡钻。

(4) 技术套管一定要下到预定深度,封住易塌层,并选择岩性较坚硬、井径规则的井段坐封。

(5) 本地区地层复杂,因此必须保证携屑所需排量,坚持用好钻井液净化装置,以控制钻井液含砂量。

(6) 选择适当地层使用 PDC 钻头钻进,并严格执行 PDC 钻头的使用规范和技术措施。

(7) 坚持钻具倒换制度,每只钻头起钻要错扣检查钻具;凡下井钻具、接头及工具,井队技术员均须亲自丈量,并做好记录,绘好草图。

(8) 钻水泥塞出套管鞋前将钻井液相对密度提高到设计值以上,并调整好钻井液性能,否则不能出套管。

(9) 钻出套管后,选择第一个砂层做地层漏失试验,求出套鞋处的地层破裂压力。

(10) 做到早开泵、慢开泵、晚停泵。每次起钻前充分循环钻井液,保持井下干净,起钻坚持连续灌浆,保持井内压力平衡,减少井下复杂情况。

(11) 西山窑组上部泥岩段易发生卡钻,应注意调整好钻井液性能,加强技术措施,防止事故的发生。

(12) 认真执行有关操作技术规程,尤其下部小井眼,一定要防顿、防溜。

(13) 严格控制起下钻速度,起钻用1挡,下钻500 m挂水刹车,钻铤要涂好扣油并缠密封脂带,紧好扣。

(14) 严把井身质量关,每只钻头起钻必须测斜,投测失败可采用测斜绞车测,没有测斜数据不准钻进。

(15) 完钻后在下油层套管前要充分通井,以保证套管的顺利下入。

3. 防止井下复杂情况的措施

1) 井漏

(1) 地表层可提高钻井液黏度以防漏,静置以堵漏。

(2) 钻至易漏层段前要做好预防工作,可提前在钻井液中加谷壳、屏蔽暂堵剂等材料防漏。

(3) 井径不规则,垮塌严重的井段要防止开泵过猛,单泵循环正常后再开双泵,以免憋漏地层。

(4) 在钻井液触变性较大、静置时间较长的情况下,下钻要分段循环钻井液以防止憋漏地层。

(5) 下钻时要控制速度,防止压力激动过大而憋漏地层,并有专人观察钻井液返出情况和钻井液池液面,遇漏失时记录其漏失量、漏失速度、漏失位置和漏失时钻井液性能。

(6) 若钻进时发生井漏,可先起出几个立柱,处理正常后再划眼到底,不奏效时可将堵漏剂打至漏失层段静置堵漏;如漏失严重,可直接打水泥堵漏或下技术套管封住漏失层段,但油层段尽量不动用水泥堵漏。

(7) 控制合理的钻井液密度,防止加重过猛,以免压漏地层。

(8) 防漏服从于防塌,坚持随漏就堵的原则,直到达到要求为止。

2) 井塌

(1) 坚持做好随起钻随灌钻井液的工作,钻具起完钻井液灌满。

(2) 做好d_c指数(地层可钻性综合指数)地层压力监测工作,控制钻井液相对密度及其性能的变化幅度,控制滤失,仔细观察岩屑返出情况,随时准备采取防塌措施。

(3) 进入垮塌井段后,要严密观察井下情况,加强钻井液管理,保持钻井液性能的相对稳定(钻井液相对密度误差不超过0.02),避免大起大落。

(4)大排量循环,及时将掉块带出地面,如垮塌严重,换用普通钻头,不装喷嘴。

(5)禁止在易塌井段高速起下钻(不能超过二档车),以免抽汲压力过大而导致井塌,严重垮塌段旋绳卸扣。

(6)停钻时不能长时间在一个深度处大排量循环钻井液,以防冲垮井壁。

(7)防止加重过猛和压漏地层,引起井下压力失去平衡而造成更严重的塌漏。

3)缩径和起下钻遇阻

(1)排量要大,冲蚀掉疏松的假泥饼。

(2)按时短起下钻,拉好井壁。

(3)划眼要打细,修好井壁。

(4)起钻前要充分循环钻井液;起下钻遇阻应上提下放活动钻具,必要时采取接方钻杆、循环、倒划眼等有效措施。

(5)下钻遇阻立即划眼到底。

4. 取心技术措施

(1)管子站负责为取心井队准备好合适的取心工具,出站前要进行全面检查,保证质量。

(2)井队技术员负责对取心工具下井前的装配进行检查,包括工具外观、丝扣、弯曲度、轴承、分水接头和卡瓦等,如有问题不能下井,卡瓦的活动间隙为8～13 mm。

(3)取心工具上下钻台必须用绷绳,并把钻头包好以免损坏工具和钻头。

(4)一般情况下取心钻头不允许划眼,更不能猛冲。下钻离井底5 m左右要充分循环钻井液,并将井底冲洗干净,调整好钻井液性能后再正式取心。

(5)取心参数:钻压30～60 kN,转速60～100 r/min,排量20～26 L/s。

(6)割心时应选择比较坚硬的地层,确认岩心全部割出后再起钻。起钻用转盘卸扣时不能太猛,特殊情况旋绳卸扣。

(7)及时分析上筒岩心取出情况,找出存在的问题,不断提高岩心收获率。

5. 加强对地层孔隙压力的监测

(1)从二开开始采用d_c指数法随钻监测地层压力,由井队技术员负责。

(2)各钻井参数要准确齐全,并认真观察和分析岩屑返出情况。

(3)钻压、转速、排量、钻井液相对密度等钻井参数要相对稳定,以提高地层压力监测的准确性。

(4)求出d_c指数趋势线方程,参考邻井数据,及时提供地层压力数据。根据地层压力数据控制合理的钻井液密度,做到近平衡钻井。做好井喷、井漏、井涌的预防工作。

(5)做好地层压力梯度、设计钻井液密度、d_c指数压力监测和实钻钻井液密度4条曲线,填入井史,并与井史资料等一并上交。

6. 地层漏失试验要点

各开下完技术套管、钻完水泥塞后,在第一个砂层做地层破裂压力试验(或强度试验),求取套管鞋处地层破裂压力梯度及有关强度。试验步骤如下:

(1) 钻穿水泥塞,钻进第一个砂层2~3 m,充分循环钻井液,使钻井液进出口性能趋于一致。

(2) 将钻头上提到套管鞋内。

(3) 井内完全灌满钻井液后,停泵关好钻杆封井器(半封),打开井口四通闸门。

(4) 用水泥车低排量(0.8~1.32 L/s)缓慢由钻杆内泵入钻井液,待井口返出钻井液后,上井口四通闸门,直到压力建立起来(应该使用已校准的多量程精密压力表和安装特用管汇,压力表应安装在环空井口。常规的钻井液压力表不够精确,用注入泵试压也是不合适的)。

(5) 每泵入 0.015 m³ 钻井液,静置 2 min 或一直等到压力趋于稳定。

(6) 记录泵入钻井液累计量、最后泵压及最后稳定压力(地层漏失前取点范围可放宽到泵入 0.05 m³ 记录一次压力)。

(7) 重复步骤(5)和(6)至最后压力偏离最高压力并逐渐下降趋于平缓(从破裂点起历时约 1 min 左右),进行瞬时停泵,记录瞬时停泵压力(最高压力不能高于井口装置额定压力和套管抗内压强度中的最小值,否则中断试验)。

(8) 重新启动注入泵,获得裂缝重张压力(为了验证瞬时停泵压力和裂缝重张压力的可靠性,进行瞬时停泵和重新启动试验2~3次)。

(9) 由回水管线泄掉高压钻井液,打开封井器。

(10) 将原始数据录入井史,绘制泵压力-钻井液累计量、稳定压力-钻井液累计量关系曲线,求取地层破裂压力梯度及有关强度参数。

7. 环保要求及措施

(1) 油罐、钻井液罐、钻井液药品、钻井液管线和水管线不渗不漏。

(2) 钻井液药品要妥善保管,露天存放时要上盖下垫,不得散失。

(3) 挖好排水沟、污水池(泵房右后方)和防洪坝,地面污水、油污和废钻井液等要全部流经排水沟到污水池,禁止乱排乱放,以免污染环境。

(4) 表层套管一定要封过第四系地层,防止污染水源。

8. 完井时井口装置要求

(1) 按规定安装好套管头,最上一根油层套管的接箍面高于地面不超过 0.4 m。

(2) 井口带好套管帽,不漏油、气、水,并在其上标明井号和队号。

(3) 井口灌注一定量的水泥帽。

(4) 井场平整,符合有关规定。

第 5 章　多套压力系统储层地质与物性特征

5.1　多套压力系统储层区域构造与沉积背景

5.1.1　构造位置

TAC2 井位于新疆鄯善县胜金口车站南东约 12.3 km 处,井口海拔 392.15 m,是吐哈盆地吐鲁番坳陷台北凹陷 SB 构造带 SB2 号构造上的一口区域探井(参数井)。

SB 构造带位于台北凹陷西部、胜金台次凹南翼的北倾斜坡带上,平面上由 7 个呈左行雁列式排列的低幅度背斜组成。TAC2 井所在的 SB2 号构造位于 SB 构造带西部,断裂发育。

5.1.2　沉积地层与岩性

TAC2 井于 1992 年 7 月 20 日开钻,1993 年 9 月 22 日完钻,完钻井深为 6 037 m,井底层位于中侏罗统西山窑组(J_2x),所钻遇地层自上而下依次为:第四系西域(Q)、新近系葡萄沟组(N_2p)、古近系桃树园组[($E_3—N_1$)t]、鄯善群[($K_2—E_2$)sh]、白垩系火焰山群 Kh,侏罗系上统喀拉扎组(J_3k)、齐古组(J_3q),侏罗系中统七克台组(J_2q)、三间房组(J_2s)和西山窑组(J_2x),见表 5-1。其中,侏罗系地层为该井的主要研究层段。

1. 喀拉扎组(J_3k)

TAC2 井分布在喀拉扎组的井段为 2 375~2 979 m,视厚度为 604 m,主体岩性为棕色、浅棕色、暗棕色泥岩。其中棕色、浅棕色、暗棕色泥岩和灰色、浅灰色、绿灰色泥岩共 40 层,累计视厚度为 498 m,占整个喀拉扎组厚度的 82.45%。这其中又以棕色、浅棕色、暗棕色泥岩为主(36 层),累计视厚度为 443 m,占整个泥岩厚度的 88.96%;灰色、浅灰色、绿灰色泥岩次之(4 层),累计视厚度 55 m,占整个泥岩厚度的 11.04%。泥岩仅分布于喀拉扎组的顶部(2 408~2 481 m)。棕色、浅棕色、暗棕色粉砂岩,泥质砂岩,泥质粉砂质褐色、灰褐色、黄褐色、棕褐色细砂岩,含砾不等粒砂岩,细砂岩共 29 层,累计视厚度为 106m,占整个喀拉扎

表 5-1　TAC2 井上、中侏罗统地层岩性特征数据表

岩性特征	喀拉扎组	齐古组	七克台组	三间房组	西山窑组
分布井段/m	2 375~2 979	2 979~3 804	3 804~4 007	4 007~4 600	4 600~5 037
视厚度/m	604	825	203	593	437
泥岩累计视厚度(层数)/m	498(40)	761.5(35)	198(40)	255.5(50)	267.5(69)
占整组地层厚度的百分比/%	82.45	92.30	97.54	43.09	61.21
砂岩累计视厚度(层数)/m	106(29)	63.5(22)	5(1)	337.5(46)	169.5(43)
占整组地层厚度的百分比/%	17.55	7.70	2.46	56.91	38.79
细砂岩、砂砾石、含砾不等粒砂岩累计视厚度(层数)/m	42(11)	0	0	253.5(29)	109.5(26)
占整个砂岩厚度的百分比/%	39.62	0	0	75.11	64.60
粉砂岩、泥质砂岩、泥质粉砂岩累计视厚度(层数)/m	64(18)	63.5(22)	5(1)	84(17)	60(17)
占整个砂岩厚度的百分比/%	60.38	100	100	24.89	35.40
砂岩与泥岩厚度比	0.212 9	0.083 4	0.025 3	1.320 9	0.633 6

组厚度的 17.55%。上、中部(2 375~2 871 m)为棕色、浅棕色、暗棕色粉砂岩,细砂岩,泥质砂岩,泥质粉砂岩(18 层),累计视厚度为 64 m,占整个砂岩厚度的 60.38%,以粉砂岩,泥质粉砂岩为主;下部(2 871~2 979 m)以褐色、灰褐色、黄褐色、棕褐色细砂岩为主(8 层,累计视厚度为 28.5 m,占整个砂岩厚度的 26.89%),褐色、灰褐色、黄褐色、棕褐色含砾不等粒砂岩(1 层,8.5 m)与棕色、浅棕色、暗棕色细砂岩(2 层,5 m)次之。整个喀拉扎组(J_3k)地层的砂岩与泥岩厚度比为 106 m(29 层)/498 m(40 层)=0.212 9。

2. 齐古组(J_3q)

齐古组的分布井段为 2 979~3 804 m,视厚度为 825 m,主体岩性为褐色、灰褐色、黄褐色、棕褐色泥岩。上、中部(2 979~3 356 m)和底部(3 684~3 804 m)褐色、灰褐色、黄褐色、棕褐色泥岩共 35 层,累计视厚度为 761.5 m,占整个齐古组视厚度的 92.30%;褐色、灰褐色、黄褐色、棕褐色泥质粉砂岩和灰色、浅灰色、绿灰色泥质粉砂岩共 22 层,累计视厚度为 63.5 m,占整个齐古组视厚度的 7.70%,以褐色、灰褐色、黄褐色、棕褐色泥质粉砂岩为主(12 层,39 m)。整个齐古组的砂岩与泥岩厚度为 63.5 m(22 层)/761.5 m(35 层)=0.083 4。

3. 七克台组(J_2q)

七克台组的分布井段为 3 804~4 007 m,视厚度 203 m。中、上部(3 804~3 940.5 m)

为灰色、绿色和褐色泥岩,钙质泥岩,以灰色泥岩、钙质泥岩为主;下部(3 940.5～4 007 m)为黑色、灰色和深灰色泥岩,以黑色泥岩为主,底部夹1层灰色荧光粉砂岩(5 m)。整个七克台组的砂岩与泥岩厚度为 5 m(1 层)/198 m(40 层)=0.025 3。

4. 三间房组(J_2s)

三间房组的分布井段为 4 007～4 600 m,视厚度为 593 m,主体岩性为灰色细砂岩、粉砂岩、泥质粉砂岩以及灰色、灰白色含砾不等粒砂岩与灰色、深灰色泥岩呈不等厚互层。顶部(4 007～4 083.5 m)为灰色、浅灰色、绿灰色泥岩夹灰色、浅灰色、绿灰色粉砂岩,泥质粉砂岩,底部(4 558.5～4 800 m)为灰色、深灰色泥岩。其中,灰色、绿色、棕色、深灰色、黑色泥岩和粉砂质泥岩共 50 层,累计视厚度为 255.5 m,占整个三间房组视厚度的 43.09%;灰色、灰白色细砂岩,粉砂岩,泥质粉砂岩,含砾不等粒砂岩共 46 层,累计视厚度为 337.5 m,占整个三间房组视厚度的 56.91%。以灰色、灰白色细砂岩,含砾不等粒砂岩为主(29 层,253.5 m),灰色粉砂岩、泥质粉砂岩次之(17 层,84 m)。整个三间房组的砂岩与泥岩厚度比为 337.5 m(46 层)/255.5 m(50 层)=1.320 9。

5. 西山窑组(J_2x)

西山窑组的分布井段为 4 600～5 037 m(未穿),视厚度为 437 m,主体岩性为灰色、深灰色细砂岩,含砾不等粒砂岩,粉砂岩,泥质粉砂岩与灰色、深灰色泥岩和粉砂质泥岩呈不等厚互层。中上部(4 735.5～4 788 m)夹黑色、灰黑色、褐黑色碳质泥岩;中下部和下部(4 788～5 037 m)夹黑色、灰黑色、褐黑色碳质泥岩和煤层。其中,灰色、深灰色泥岩,粉砂质泥岩,黑色碳质泥岩和煤层共 69 层,累计视厚度为 267.5 m,占整个西山窑组视厚度的 61.21%;灰色、深灰色细砂岩,含砾不等粒砂岩,粉砂岩和泥质粉砂岩共 43 层,累计视厚度为 169.5 m,占整个西山窑组厚度的 38.79%。以灰色、深灰色细砂岩,含砾不等粒砂岩为主(26 层,109.5 m),灰色粉砂岩、泥质粉砂岩次之(17 层,60 m)。整个西山窑组的砂岩与泥岩厚度比为 169.5 m(43 层)/267.5 m(69 层)=0.633 6。

5.2 多套压力系统储层物性特征

5.2.1 储层岩石类型及岩性特征

QD 构造部分钻井(QD3 井、QD1 井、QD5 井、QD6 井)和部分已钻井(QD7 井、QD8 井、DS1 井、QD9 井)的储层概况见表 5-2 和表 5-3。

1. 侏罗系中统七克台组(J_2q)

该组砂岩与泥岩厚度比为 10.6%。据岩石电性特征可分为上、下两部分:上部出现在 2 345.5～2 427.5 m 井段,以灰绿、褐灰色泥岩为主,局部夹煤层;下部在 2 427.5～2 468.5

m 井段,绿灰色、褐灰色泥岩与绿灰、灰色粉砂岩呈不等厚互层,并夹多层煤。其中,粉砂岩为灰色,泥质胶结,软疏松,岩屑呈团块状;细砂岩为灰色,成分以岩屑为主,石英、长石次之,细粒结构,次棱角状—次圆状,分选中等,泥质胶结,较疏松,岩石呈块状。

七克台组岩性垂向上呈正旋回特点,而且砂岩单层从下至上有减薄的趋势,砂岩与泥岩厚度比也逐渐减小,反映了一种退积沉积过程,是一套滨浅湖亚相沉积层序。

表 5-2 QD 构造钻井储层概况

		QD3 井	QD1 井	QD5 井	QD6 井
所在构造位置		QD 背斜构造高点偏南 1 km	台北凹陷鄯善弧形构造带东段 QD 构造顶部	台北凹陷鄯善弧形构造带东北翼	台北凹陷鄯善弧形构造东翼
井深/m		3 500	3 636	3 700	3 600
总厚/m		3 500(视厚度)	3 636(视厚度)	3 700(视厚度)	3 600(视厚度)
侏罗系中统七克台组 (J_2q)	岩性简述	泥岩为灰绿、灰、褐灰色,质纯,性较硬,吸水性差;粉砂岩为灰色,细粒,分选中等,泥质胶结,较疏松;煤层为黑色,密度小,性脆,可燃,上部为泥岩,下部为煤系地层。井段:2 345.5~2 468.5 m,视厚度为 123 m	可分两段:上段以灰绿色、灰、灰色泥岩为主,夹薄层棕色泥岩;下段以褐灰色、灰绿色泥岩为主,夹 1 m 厚的煤层及薄层灰色泥质砂岩、细砂岩、含砾砂岩。井段:2 373~2 496 m,视厚度为 123 m。上段 2 373~2 426 m,视厚度为 53 m;下段 2 426~2 496 m,视厚度为 70 m	上段为绿灰色、紫色泥岩,夹薄层杂色砾岩、灰色细砂岩和绿色粉砂岩;下段的绿灰色、灰绿色泥岩与薄层粉砂岩—细砂岩呈不等厚互层状,夹两层碳质泥岩,底部为一层灰绿色含砾砂岩。井段:2 440~2 581 m,视厚度为 141 m,上段:2 440~2 549 m,视厚度为 109 m,下段:2 549~2 581 m,视厚度为 32 m	灰绿色、灰色、深灰色泥岩和粉砂质泥岩为主,夹两薄煤层,为弱还原环境沼泽相沉积。井段:2 355~2 468 m,视厚度为 113 m
侏罗系中统三间房组 (J_2s)	岩性简述	以紫色泥岩为主,其次为灰绿色泥岩、粉砂质泥岩,夹灰绿色粉砂岩,少量泥质粉砂岩、砾状砂岩、细砂岩。井段:2 468.5~2 703.0 m,视厚度为 234.5 m	紫色、棕色泥岩,粉砂质泥岩与灰、灰绿色泥岩呈不等厚互层,夹薄层灰绿、浅灰色泥质粉砂岩,砂岩自上而下紫色成分增多。井段:2 496~2 746 m,视厚度为 250 m	以紫色泥岩为主,次为灰绿色、紫红色泥岩和粉砂质泥岩,夹灰褐色、灰白色细砂岩,棕色中砂岩,上部见薄层含砂粗砂岩及砂砾岩。井段:2 581.0~2 830.5 m,视厚度为 249.5 m	中上部以暗紫色泥岩、粉砂质泥岩为主,下部以灰色、浅灰色、深灰色泥岩为主,夹薄层浅灰色、灰褐色细砂岩,氧化环境沉积。井段:2 468~3 130 m,视厚度为 662 m

续表

		QD3 井	QD1 井	QD5 井	QD6 井
侏罗系中统西山窑组（J_2x）	岩性简述	中上部（2 703.0～3 105.5 m）以紫色、紫红色泥岩为主，粉砂质泥岩、含砾泥岩，夹灰绿色、灰色砂岩，砂砾岩，杂色细砂岩次之；下部（3 105.5～3 165.5 m）以灰色砂岩为主，包括粗砂、细砂、砾状砂岩。井段：2 703.0～3 165.5 m，视厚度为462.5 m。中上部2 703.0～3 105.5 m，视厚度为402.5 m；下部3 105.5～3 165.5 m，视厚度为 60 m	上段为灰紫、暗紫及紫色泥岩不等厚互层，夹灰绿、灰色泥岩，泥质粉砂岩、细砂岩薄层及1个杂色砾岩薄层；下段以深灰色泥岩为主，上部夹薄层灰色泥质粉砂和细砂岩，下部发育两段厚灰色细砂岩和中砂岩，局部夹薄煤层及煤线。井段：2 746～3 486 m，视厚度为 740 m。上段 2 746～3 031 m，视厚度为 285 m；下段 3 031～3 486 m，视厚度为 455 m	上部以紫红色、暗紫色泥岩和粉砂质泥岩为主，夹灰白色、灰黄色细砂岩，泥质粉砂岩；下部以深灰色泥岩和粉砂质泥岩为主，为灰褐色、浅灰色泥岩不等厚互层。井段：2 830.5～3 589.0 m，视厚度为 758.5 m。上部 2 830.5～3 277.0 m，视厚度为 446.5 m；下部 3 277.0～3 589.0 m，视厚度为 312.0 m	上部以灰色、深灰色泥岩和粉砂质泥岩为主，夹薄层浅灰色、灰白色细砂岩和煤层；下部以深灰色泥岩、灰色粉砂质泥岩、浅灰色中细砂岩为主，夹多层煤和沥青条带。井段：3 130～3 615 m，视厚度为 485 m。上部视厚度为 268 m，下部视厚度为 217 m
侏罗系下统三工河组（J_1s）	岩性简述	上部为灰、灰绿色、深灰色泥岩与灰色粉砂岩、细砂岩呈略等厚至不等厚互层，该段煤层发育，为含煤系地层；下部以灰色细砂岩为主，夹灰、深灰色泥岩和泥砾岩。井段：3 165.5～3 500.0 m，视厚度为 334.5 m	深灰色、灰绿色泥岩与浅灰、灰色砂岩不等厚互层，钻穿。井段：3 486～3 636 m，视厚度为 150 m	以深灰色泥岩、灰色粉砂质泥岩为主，夹薄层浅灰色粉细砂岩。井段：3 598～3 665 m，视厚度为 67 m	

表 5-3 QD 构造已钻井储层概况

	QD7 井	QD8 井	DS1 井	QD9 井
所在构造位置	QD 构造东南翼	QD 构造	QD 构造高点	QD 构造
井深/m	3 500	3 640	4 301	3 726
总厚/m	3 500（视厚度）	3 640（视厚度）	4 301（视厚度）	3 726（视厚度）

续表

		QD7 井	QD8 井	DS1 井	QD9 井
侏罗系中统七克台组（J_2q）	岩性简述	中上部为厚层棕红、绿灰色泥岩，下部为灰色粉砂岩、砾状砂岩与灰色泥岩呈不等厚互层，夹煤层。与下伏三间房组呈假整合接触。井段：2 323.0～2 474.5 m，视厚度为151.5 m	上部为浅灰绿色泥岩夹灰绿色泥质粉砂岩，中下部为灰绿色、灰黑色泥岩，夹浅灰绿色粉砂岩及灰黑色碳质泥岩和煤。井段：2 439～2 659 m，视厚度为220 m	灰绿色泥岩为主，下部夹浅灰色荧光细砂岩、泥质粉砂岩及煤线；自然电位曲线平缓。井段：2 285～2 423 m，视厚度为138 m	中上部为深灰色、绿色泥岩，夹煤线，下部灰色、绿色中—细砂岩。井段：2 340.0～2 596.5 m，视厚度为256.5 m
侏罗系中统三间房组（J_2s）	岩性简述	暗紫色、灰色泥岩及绿灰、紫红色泥岩与灰色粉砂岩、细砂岩、中—粗砂岩、砂砾岩呈不等厚互层，与下伏西山窑组呈整合接触。井段：2 474.5～2 733.0 m，视厚度为258.5 m	上部为浅紫色泥岩、深灰绿色泥质粉砂岩、粉砂岩及煤；中部为大段浅紫色、褐色、褐灰色及灰绿色泥岩和砂质泥岩。井段：2 659～3 261 m，视厚度为592 m	以灰、紫红、紫色泥岩为主，夹薄层浅灰色粉、细砂岩，底部为灰色泥岩。井段：2 423～3 038 m，视厚度为615 m	灰绿色、灰褐色泥岩夹薄层细砂岩、棕红色泥岩。井段：2 596.5～2 990.5 m，视厚度为394 m
侏罗系中统西山窑组（J_2x）	岩性简述	上部（2 733～3 060 m）以暗紫色泥岩为主，紫红、灰、杂色泥岩，夹薄层杂色细砂岩、砂砾岩、灰色砾状砂岩、细砂岩次之。下部（3 060.0～3 434.5 m）以灰色、深色泥岩略呈等厚互层，局部夹薄层灰色粉砂岩、黑色炭质泥岩及煤层，与下伏三工河组呈整合接触。井段：2 733.0～3 434.5 m，视厚度为701.5 m	灰色、深灰色、灰黑色泥岩，含白色砂质泥岩、炭质泥岩与灰白色泥质粉砂、粉砂、细砂岩、细砾岩。井段：3 261～3 640 m，视厚度为379 m	上段J_2x^{3+4}（3 038～3 545 m）以荧光中—细砂岩、含砾砂岩为主，夹深灰色泥岩及煤层。下段J_2x^{1+2}（3 545～4 051 m）大段煤层与含砾砂岩、细砂岩、泥质粉砂岩、粉砂质泥岩、深灰、灰白色泥岩、炭质泥岩呈不等厚互层。井段：3 038～4 051 m，视厚度为1 013 m	以棕红色泥岩为主，夹灰色泥质粉砂岩，中—细砂岩、灰色、灰绿泥质粉砂岩与含砂岩互层。井段：2 990.5～3 726.0 m，视厚度为735.5 m

续表

		QD7 井	QD8 井	DS1 井	QD9 井
侏罗系下统三工河组（J_1s）	岩性简述	深灰色泥岩与灰色粉细砂岩呈不等厚互层。井段：3 434.5～3 500.0 m，视厚度为 65.5 m		中部为一厚层粗砂岩，上部以灰、深灰、灰黑色泥岩为主，夹薄层浅灰色中砂岩、泥质粉砂岩及煤线。砂岩以石英为主，次为长石，间少量暗色矿物与岩屑，颗粒呈次棱角状，分选中—好，致密；泥岩以灰黑色为主，硬脆，含炭质不均。井段：4 051～4 230 m，视厚度为 181 m	
侏罗系下统八道湾组（J_1b）	岩性简述			上部为绿灰色砂质泥岩，中下部为灰、浅灰、灰白色粗—细砂岩，与深灰色泥岩呈略等厚互层。粗砂岩以绿灰色、灰白色石英为主，次为长石，颗粒呈次棱角状，分选中，较疏松—较致密；泥岩为绿灰、深灰色，质纯，硬脆，吸水性及可塑性差。井段：4 230～4 301 m，视厚度为 771 m	

2. 侏罗系中统三间房组（J_2s）

该组为滨湖相沉积，出现在 2 468.5～2 703.0 m 之间，视厚度为 234.5 m，砂岩不发育，砂岩占 9.38%，泥岩占 90.62%。以紫色泥岩为主，其次为灰绿色泥岩、粉砂质泥岩、粉砂岩、细砂岩、砾状砂岩、细砾岩有少量出现。其中，粉砂岩为绿灰色，泥质胶结，较致密，岩屑呈块状，局部泥质含量高，为泥质粉砂岩；细砂岩为灰、灰白色，成分以岩屑为主，石英、长石次之，细粒、次圆状，分选中等，泥灰质胶结，较致密，岩屑呈块状；砾状砂岩为灰色，部分灰白色，成分以酸性火山碎屑岩为主，部分为石英，细—中粒，次棱角—次圆状，分选中等；砾石为酸性火山岩岩屑，粒径 2～3 mm，最大 4 mm，泥质胶结，较致密；细砾岩为灰色，成分以酸性火山碎屑岩为主，见少量石英，粒径 3 mm，最大 4 mm，次棱角状，分选中等，泥质胶结，较致密。

1）储层岩石类型及组分

井深 2 541 m 处为中—细粒含泥岩屑砂岩，石英含量 1%，长石含量 7%，岩屑含量 92%，岩屑成分以喷出岩为主，其次为片岩，可见泥岩、花岗岩岩屑。

2）岩石结构

砂岩分选中等，次圆状颗粒，孔隙式—薄膜状胶结，颗粒之间呈微凹凸接触，并存在部分颗粒碎裂现象。

3）填隙物

填隙物成分主要为泥质，含量10%，泥质呈薄膜状分布于颗粒四周。泥质中蒙脱石含量66%，伊利石含量12%，绿泥石含量19%，扫描电镜下粒表分布有伊/蒙混层、伊利石和绿泥石。

3. 侏罗系中统西山窑组（J_2x）

该组为滨浅湖中的扇三角洲相沉积，出现在2 703.0～3 165.5 m井段，视厚度为462.5 m，砂泥厚度比17.7%。据岩性、电性特征可以分为两部分：中上部（2 703.0～3 105.5 m）以紫色、紫红色泥岩为主，其次为粉砂质泥岩、含砾泥岩，夹绿灰色、灰色砂岩，砂砾岩和杂色细砂岩；下部（3 105.0～3 165.5 m）以灰色砂岩为主，包括细砂岩、粗砂岩、砾状砂岩，夹灰色泥岩。其中，粉砂岩为灰色、灰绿色，泥质胶结，较致密；砂岩为灰、灰绿色，细—粗粒，成分以岩屑为主，石英、长石次之，颗粒次圆—次棱角状，分选中等，泥质胶结，较致密—致密，岩屑呈块状—片状。

1）主要储层岩石类型及组分

该组储层含泥细粒岩屑砂岩，中粒、粗粒岩屑砂岩，中粒粉—细长石岩屑砂岩，灰质细粒长石岩屑砂岩。石英含量3%～34%，长石含量10%～28%，岩屑含量41%～87%，为长石岩屑砂岩。岩屑成分以喷出岩为主，其次为石英岩、花岗岩、片岩、泥岩、粉砂岩、混合岩、砂岩等，可见云母、绿帘石、绿泥石、褐铁矿等矿物。

2）岩石结构

砂岩分选以中等为主，少数为好及中—差。磨圆度大多数为次圆—次棱，少数为次圆状、次棱角状。大多数砂岩的胶结类型为接触—孔隙式，少数为接触—薄膜式、孔隙式、孔隙—基底式胶结。颗粒间呈微凹凸面接触及线接触，岩屑挤压形变可见，少数颗粒具压溶现象，少数颗粒具压溶、碎裂现象。裂缝经溶蚀后可加大变宽。

3）填隙物

填隙物主要为泥质及灰质，少数为白云质及铁质，泥质胶结物含量为2%～8%，灰质胶结物含量可达30%，白云质及铁质均可达3%。泥质胶结物呈隐晶结构，灰质胶结物分布不均匀。

泥质中伊/蒙混层含量为5%～10%，蒙脱石在伊/蒙混层中占40%～50%，伊利石含量为17%～39%，高岭石含量为12%～68%，绿泥石含量为17%～39%。绿泥石、高岭石、伊利石均可分布在粒间及粒表。

石英加大可达Ⅲ级，长石加大可达Ⅱ级，粒间分布有石英、长石晶体。

4. 侏罗系下统三工河组（J_1s）

该组与西山窑组一样，属滨浅湖中的扇三角洲沉积，出现在3 165.5～3 500.0 m井段，未见底，视厚度为334.5 m，砂泥厚度比为46.2%。据岩性电性特征，可分为上、下两部分：上部（3 165.5～3 361.5 m）岩性以灰、灰绿、深灰色泥岩与灰色粉砂岩、细砂岩呈略等厚至不等厚互层，该层段煤层发育，为煤系地层；下部（3 361.5～3 500 m）以灰色细砂岩为主，夹灰、深灰色泥岩和泥砾岩。其中,粉砂岩为灰色,泥—灰质胶结,较疏松—致密,岩屑呈团块状;细砂岩为灰色,成分以岩屑为主,分选中等,泥质胶结,较致密—致密,岩屑呈块状;泥砾岩为灰色,分选差,泥质胶结,疏松。

1) 主要储层岩石类型和组分

该组储层为中—粗粒、粗—中粒、中粒、细—中粒、细粒、粉—细粒岩屑砂岩,灰细—中粒岩屑岩,泥粉—细粒岩屑砂岩,泥粉砂岩,中粒长石岩屑砂岩。石英含量1%~36%,长石含量9%~27%,岩屑含量47%~90%。岩屑成分以喷出岩为主,其次为石英岩、泥岩、片岩、花岗岩、混合岩、粉砂岩。可见绿泥石、褐铁矿、绿帘石、黄铁矿、有机质出现,有机质在有些岩石中含量较高,可达30%左右。有机质(沥青)和黄铁矿常在裂缝中分布。

2) 岩石结构

砂岩分选中等,少数分选好,磨圆度为次圆—次棱角及次棱—次圆,少数为次棱及次圆状,胶结类型为孔隙式、接触—孔隙式、孔隙—接触式,颗粒间呈微凹凸面接触及线接触,局部缝合接触,有些颗粒具有碎裂现象。

3) 填隙物

填隙物的成分主要为泥质及灰质,少数为铁及白云质。其中,泥质胶结物含量2%~10%,其成分主要为伊利石,泥质受挤压后强烈变形;灰质胶结物含量1%~10%,个别岩石灰质含量很高,有些可达30%以上,灰质交代岩屑现象普遍;白云质、铁质胶结物含量分别可达10%和30%,铁质主要为褐铁矿、黄铁矿。

泥质中伊/蒙混层含量为4%~19%,蒙脱石在伊/蒙混层中占25%~53%,伊利石含量为8%~23%,分布于粒间及粒表,常呈片状;高岭石含量为31%~72%,分布于粒间及粒表,常呈片状;绿泥石含量为15%~31%,分布于粒间及粒表。扫描电镜下,颗粒间及颗粒表面见有石英Ⅲ级加大、长石晶体及碳酸盐晶体。

5. 特征对比

表5-4所示为QD3井主要储层砂岩碎屑成分对比。从表中可以看出,从三间房组到三工河组,石英平均含量上升,长石平均含量也有上升趋势,而岩屑平均含量则有所下降。含量的变化可能预示着扇三角洲微相环境的变化。可能是三工河组砂岩为扇三角洲水上主河道沉积到三间房组为扇三角洲水下主河道部分,由于湖泊的扩大,沉积近物源而致岩屑增多,石英减少。

表5-4 QD3井主要储层砂岩碎屑成分(%)对比

层 位	岩 性	石 英	火山岩岩屑	变质岩岩屑	长 石	样品数/个
三间房组	中—细粒砂岩	1	79	13	7	1
西山窑组上部	中—细砂岩	$\frac{21.9}{20\sim34}$	$\frac{47.8}{35\sim59}$	$\frac{5.42}{7\sim10}$	25	12
西山窑组下部	细砂岩	3	>78.4	3	10	1
三工河组		$\frac{25.22}{16\sim36}$	$\frac{48.11}{43\sim60}$	$\frac{7.44}{4\sim12}$	12~15	5

注:表中分数的分子为平均值,分母为范围值。

依据薄片鉴定,该井侏罗系钻遇砂岩的磨圆程度多为次棱角—次圆状,部分为次棱角状,砂岩分选性多为中等,少数差或好。但依据砂岩粒度分析结果(共 9 个样品),西山窑组底部及三工河组两个主要砂岩段分选性均为较差,说明其结构成熟度变低,矿物成熟度也极低,是近物源快速堆积的产物。

中、下侏罗统富含煤及有机质,煤主要产于三工河组及七克台组,此外三间房组有薄煤层,煤层厚 26 m。富有机质泥岩也主要分布于三工河组和七克台组,但西山窑组和三间房组也有一定的数量,其有机岩含量在 0.5%～1%之间。上侏罗统及其以上地层贫有机质,据少量样品分析,有机岩含量在 0.1%～0.16%之间。

5.2.2 储层砂岩的孔隙类型

QD3 井储层岩石内的孔隙可分为以下 6 种类型:

(1) 粒间溶孔:侏罗系储层砂岩最重要的孔隙类型之一。该类孔隙是由早成岩期形成的碳酸盐胶结物遭受溶解及颗粒边缘部分遭受溶解而形成的。在该井中,粒间溶孔主要分布于 3 100 m 以下的西山窑组底部及三工河组,孔隙可呈伸长状。

(2) 粒内溶孔:储层砂岩主要的孔隙类型之一。该类孔隙为长石、岩屑等铝硅酸盐颗粒遭受选择性不均匀溶解,在其内部形成的网络状、筛状及其他不规则状孔隙。

(3) 颗粒溶孔:颗粒全部遭受溶解而成,孔隙内可见残余颗粒零星分布。

(4) 原生粒间孔:随压实作用增强,原始沉积时残留的粒间孔隙逐渐减少,体积逐渐变小,其边部多呈三角形。

(5) 颗粒裂缝:包括粒间缝及粒内缝。由于该井压实作用较强,所以颗粒裂缝较多,颗粒裂缝内常充填有黄铁矿及有机质,长石的粒内缝遭溶蚀后有加宽现象。

(6) 晶间微孔:主要指高岭石充填粒间后高岭石晶间残留的微小孔。由于此类孔隙很小,所以对改善孔渗条件意义不大。

第 6 章 多套压力系统储层潜在伤害与敏感性评价

6.1 多套压力系统储层伤害主控因素

在成岩过程中,随着温度、压力和流体性质(油、气、水、离子浓度)的变化,岩-水反应不断发生,并且趋于平衡。当孔隙流体与矿物不平衡时,就会发生矿物的溶解和沉淀。这个原理对于打开油层的作业也同样适用,当钻井、完井、开采和增产措施等作业中使用的流体与油层中的矿物或孔隙流体不配伍或改变矿物的原始存在状态时,则可能发生较强的地层损害。另外,由于自生矿物形成和存在的环境相对宁静,当外力作用超过其稳定极限时,必然致使它们从颗粒上脱落、释放、运移并堵塞孔隙,导致速敏现象。

凡是在酸(碱)、盐、淡水或在机械力作用下易于发生物理-化学变化,并导致渗透率明显降低的矿物(组分)都称为敏感性矿物。QD 构造的敏感性矿物包括黏土矿物、碳酸盐矿物、黄铁矿、自生石英和一些碎屑颗粒,是导致地层损害的重要污染源。自生矿物由于稳定范围窄,对外界的变化敏感,再加上它们处于孔隙和喉道部位,能够与进入地层中的流体充分接触,且具有高比表面,使得反应速度快,反应完全。因此,这些矿物的成分、含量、形态、产状及微结构对地层的损害方式和程度有不同程度的影响。

6.1.1 黏土矿物及其引起的潜在损害因素

黏土矿物按其成因可分为陆源和自生两种,它们的形状存在很大的差别,造成地层损害的严重性也不同。

1. 黏土矿物形状

根据黏土矿物与碎屑颗粒、孔隙喉道之间的关系,其形状归纳起来有以下 6 种:

(1) 纹层状。陆源成因,存在于细砂岩与粉砂岩或泥质粉砂岩的互层中,见薄纹层黏土(层厚 1~5 mm),一般为伊利石、碎屑白云母等,此类砂岩物性差,为非有效储层。HF 与此类形状的黏土作用,可生成 K_2SiF_6 沉淀,堵塞孔喉。

以下产状的黏土为成岩晚期生成。

(2) 包壳/衬边式。垂直于颗粒表面的绿泥石、伊利石晶体大小在 2 μm 左右,出现在物性较好的砂岩中,主要表现为酸敏(HF)效应与速敏效应。

(3) 桥接式。伊利石和伊/蒙混层在孔喉变窄部分可相互搭接,一方面能拦截分散运移的颗粒,另一方面其本身在外力下可破碎,从孔壁上脱落,随流体运移而堵塞孔喉。

(4) 孔隙充填质点式。多为高岭石、伊利石、绿泥石等分散片状、复合片状或絮团状。它们与孔壁(颗粒和颗粒上的包覆物)之间的附着强度小,易脱落,且晶片之间的结合力弱,易于发生颗粒运移,多为速敏效应。

(5) 交代式。长石向高岭石、伊利石和绿泥石转化,岩屑的绿泥石化等。交代作用的发生常伴随溶孔和微孔的形成。此种黏土矿物形态与流体作用弱于(2),(3),(4)三种形态而强于(1)的形态,主要损害方式是酸敏和碱敏,颗粒释放较为困难。

(6) 裂缝充填状。高岭石、绿泥石、黄铁矿等充填颗粒内裂隙,对裂隙的渗透率起破坏作用,这些颗粒可参与运移。

2. 黏土矿物集合体的结构

由于砂岩中的刚性颗粒支撑了大部分的负荷应力,故黏土的微结构主要受矿物晶型、颗粒表面性质、水介质条件、黏土矿物形成时间和孔隙空间性质控制。

黏土矿物的微结构指黏土矿物晶体在孔隙空间内的排列组合特征。有效储层中黏土矿物的微结构类型有以下几种:

(1) 蜂窝状结构。粒间充填的伊利石和伊/蒙混层黏土具有这种结构。这种结构的力学性质不稳,在外力作用下易发生颗粒运移,呈速敏效应。

(2) 支架结构。粒间充填的绿泥石具有这种结构,结构单元叠置较弱,在外力作用下易发生颗粒运移,呈速敏效应。

(3) 叠片支架结构。粒间充填的高岭石具有这种结构。当由两个以上的晶片相互搭接时,其孔隙度低于(1)和(2)两种结构,较为稳定。

(4) 涡流结构。具有近序性,鳞片的分布为随机方向。它是叠片支架结构的进一步发展,也是粒间高岭石的特有结构,颗粒运移不严重。

(5) 鳞片状结构。由叠置状的巨型微聚合体构成,是蠕虫状、书页状高岭石的特征结构。其稳定性高于支架结构、叠片支架结构和涡流结构,微孔隙度低,一般不易冲垮和分散,稳定性高,速敏效应不明显。

(6) 假球状微结构。由圆球形的微聚集体构成,是绿泥石或伊/蒙混层黏土的特征结构。圆球可由按基面-断口相接触的叶片状颗粒组成,以及按基面-基面与基面-断口相互作用的叶片状颗粒组成,形成球状(或絮团状)微聚集合体。球的大小为 $1\sim15~\mu m$,球内微孔发育,稳定性略差,但强于支架结构。

以上6种结构的力学稳定性由大到小为:(5)>(4)>(6)>(3)>(2)>(1)。

3. 黏土矿物引起的损害

1) 水敏性

过去认为水敏性仅由膨胀性黏土矿物引起,实际上不含或少含膨胀性黏土的砂岩也可能具有很强的水敏性。引起水敏、造成渗透率降低的主要原因有分散/运移和晶格膨胀。

QD构造能产生晶格膨胀的矿物除伊/蒙混层黏土矿物外,还有水化白云母及水化黑云母,蒙脱石也是引起晶格膨胀的主要矿物。

伊/蒙混层矿物最高含量为22.7%(QD9井)～40.0%(QD3井)。伊利石最低含量为6%～3.6%,极差最大为34%、最小为18.3%,均值最大为15.7%、最小为8.23%,变化系数最大为71%,最小为29%,其含量变化属均匀—比较均匀系列,含量随深度增加有减少趋势。混层比最大为200%、最小为20%,均值为24%～42%,变化系数为25%,属均匀变化,随深度增加而减少。

此类水敏性矿物含量在浅部明显高于深部,水敏效应随深度增加而减弱。

蒙脱石为陆源风化产物,其产状具粒间充填性质,微结构为蜂窝状、团絮状。蒙脱石有较强的吸水性,吸水后发生明显的晶格膨胀,导致孔隙喉道堵塞,是强水敏性矿物。

蒙脱石类矿物只出现在QD3井中,作为储层的J_2s砂岩中存在一块,其出现深度为2 541 m,含量为66%。随深度增加,蒙脱石矿物消失。

TAC2井砂岩薄片、电镜观察与X射线衍射分析表明,储层中的敏感性黏土矿物主要为高岭石、伊利石、伊/蒙混层和绿泥石,含量均在15%以上,且多以包壳/衬边式和桥接式形式出现在孔隙中。同时,由于储层砂岩的渗透率低,黏土膨胀对渗透率的降低作用明显高于高孔渗砂岩,再加上分散/运移机制,使绿泥石和高岭石等非膨胀性黏土也可因盐度的突然变化而释放颗粒,其表现为综合水敏效应,水敏性在中等到强范围内变化。

2) 速敏性

紊流、高剪切速率或压力波动能使小的颗粒脱落和移动,而颗粒则滞留在喉道中,造成地层损害。

TAC2井储层砂岩中高岭石含量较高(25%以上),丝缕状伊利石含量也较高(20%～30%),且微结构多属不稳定型,黏土矿物晶片排列不紧,从而加大了速敏效应。

对于QD构造,综合黏土微结构和对速敏性的认识,提出用黏土微孔率、结构单元孔隙直径和晶片间距3个参数评价砂岩的速敏性。

黏土微孔率(MPC):某一区域内黏土集合体构成的微孔面积与黏土集合体外缘圈定面积之比。MPC越大,结构稳定性越差,如蜂窝状和支架结构。TAC2井储层黏土矿物多具有蜂窝状和支架结构,因而速敏效应明显。

结构单元孔隙直径($PDSU$):如蜂窝状结构中单丁蜂窝的直径。$PDSU$越大,表示黏土晶片间以断(端)面结合的可能性越大,基面结合的可能性越小,结构越不稳定。

晶片间距(DC):高岭石晶片间距表示鳞片的稳定性大小。DC越大,结合力越弱,速敏性增加。TAC2井中高岭石小,断面、端面结合力均很弱,故极易引起速敏效应。

以上3个参数均可借助图像分析技术进行处理,并统计求值。

引起速敏效应的矿物主要是高岭石类矿物,其次是伊利石矿物,还有绿泥石矿物。

高岭石在该区最高含量为56%～72%,最低含量为24%～7%,极差为65%～32%,均值为31%～48%,变化系数为17%～38%,含量变化较均匀,与深度变化关系不明显。

伊利石最高含量为33.8%～20.0%,最低含量为9%～3%,均值为9.82%～19.98%,变化系数为22%～41%,含量变化均匀,与深度无关,它所引起的速敏效应类似于高岭石。

引起速敏效应的高岭石、伊利石及绿泥石产状多为包壳/衬边式、桥接式、孔隙充填质点式。其微结构多为支架结构、叠片支架结构、涡流结构,少见鳞片状结构,因此其机械稳定性差,一般引起中—强速敏效应,且与深度变化无关。

3) 盐敏性

在低于临界流速条件下,若流体的盐度高于或低于地层水(与自生矿物处于平衡的水)的盐度,或离子组成不相容,则黏土表面的电荷分布发生改变,并发生阳离子交换,使黏土的稳定性降低,发生分散/运移。

对 TAC2 井而言,与水敏性相比,盐敏引起的分散/迁移相对较弱,由此引起的渗透率变化也小一些。

QD 构造中绿泥石最高含量为 43%～39%,最低含量为 23.2%～10%,极差为 16%～29%,变化系数为 10%～23%,含量变化均匀,与深度的变化无关。绿泥石产状多呈粒间充填式、包壳/衬边式,微结构多为支架结构、叠片支架状结构。由于其含量较高,产状及结构均较薄弱,因此盐敏效应较为明显,且与深度变化无关。

4) 碱敏性

引起碱敏的主要矿物是高岭石、伊利石(伊/蒙混层)和绿泥石。黏土矿物总含量高,平均高于 5%,高岭石在偏碱性条件($pH>7$)下变得不饱和,并趋于溶解。伊利石(伊/蒙混层)的稳定性取决于 K^+ 与 H^+ 浓度比,K^+ 的浓度升高,可使伊利石(伊/蒙混层)的稳定范围扩大($pH=4\sim9$)。绿泥石是在碱性条件($pH=7\sim9$)下形成的。高 pH 时,不仅任何黏土矿物都被溶解,其他硅酸盐矿物(长石和石英)也能被溶解,并产生沉淀。

碱敏效应使黏土颗粒脱落、释放。由于碱对黏土的分散作用强于盐度对其的改变,因此碱敏损害较强。

另外,高 pH 溶液进入储层还有使地层结垢的可能;Na^+ 交换黏土中的阳离子,使其膨胀性增加。因此,综合表现的碱敏损害较强。

5) 酸敏性

强酸敏性黏土矿物绿泥石的含量在 16%～29%;伊/蒙混层矿物也对 HCl 敏感;HF 与黏土矿物作用可以产生硅酸、氟硅酸沉淀。但若处理得当,酸敏反应生成的沉淀可以消除。由于颗粒多是线接触式漂浮状态,酸化可能会破坏岩石结构的稳定性。

TAC2 井储层经成岩作用后,由于强溶蚀作用,颗粒多为点线接触,呈漂浮状态,因此酸化后可能破坏岩石结构,影响岩石的渗流性能。

6.1.2 碳酸盐矿物和黄铁矿引起的地层损害

碳酸盐矿物有方解石、白云石、含铁方解石,以斑状充填孔隙为主,呈连晶胶结并交代碎屑矿物的方解石一般出现在非有效储层中。碳酸盐矿物在储层中的含量一般在 0%～5%之间,极少超过 10%。碳酸盐矿物与 HF 作用可形成 CaF 沉淀;在有氧情况下,当 pH 达到 2.2 时,碳酸盐矿物与 HCl 作用可沉淀出 $Fe(OH)_3$ 胶状物。两者均可堵塞孔喉。

黄铁矿在薄片中及扫描电镜下均可见到。薄片中见到的黄铁矿多是团块状、结核状、裂隙充填、分散粒状,它们交代碎屑矿物和杂质,并充填于孔隙中;电镜下可见早期黄铁矿呈霉状。这些不同时期不同成因的黄铁矿对 HCl 均很敏感。

6.1.3 其他矿物引起的地层损害

黑云母在QD构造砂岩中含量较高，常可达5%，一般在3%～5%之间。黑云母对淡水敏感，可水化膨胀、分散。黑云母可向绿泥石转化，黑云母及这种绿泥石都对HCl敏感。

水化的白云母遇淡水发生膨胀。白云母及钾长石、钙长石等均可与HF作用生成硅胶及氟硅酸沉淀。研究区内白云母碎屑含量不高，长石含量较高，应注意后者引起的酸敏效应。

岩石中常含有绿泥石的片岩岩屑、基性喷出岩屑，它们可向绿泥石转化。岩屑内具有磁铁矿，这些都可引起酸敏效应。

6.1.4 结垢趋势

地层水长期与矿物接触，反应达到平衡。岩石中方解石含量不高但分布广泛，天然气中含有一定的CO_2。饱和CO_2的地层水当压力释放或温度降低时，地层水中的$CaCO_3$和$CaSO_4$过饱和，高pH更能促使结垢的形成。

6.1.5 出砂

由于成岩作用期间的酸性水淋溶及压实的不均匀性，在研究区砂岩中形成了许多超大孔隙，使颗粒呈漂浮状态，胶结物中有大量微孔存在，岩石的机械强度天然不足，孔径及喉径相应变大。在作业过程中，淡水环境、酸液或高pH流体均具有分散黏土的作用，可使作为胶结物的黏土脱落。这不但可使黏土颗粒发生分散/运移，而且可使岩石结构受到破坏、强度减小，诱发出砂。

综合分析QD构造储层敏感性矿物、孔隙结构特征，认为造成地层损害的主要机理是黏土矿物的分散/运移，其次为晶格膨胀造成的沉淀。

表6-1列出了造成QD构造地层损害的敏感性矿物、损害方式、预防及处理措施。

表6-1 QD构造地层损害的敏感性矿物、损害方式、预防及处理措施

敏感性		敏感性矿物	损害方式	预防及处理措施
水 敏		伊/蒙混层、伊利石、绿泥石、高岭石、水化云母	分散/运移、晶格膨胀	使用与地层水和矿物配伍的工作液，注水时逐级降低矿化度，加黏土稳定剂
盐 敏		伊/蒙混层、伊利石、绿泥石、高岭石、水化云母	分散/运移、晶格膨胀	
酸 敏	HCl	绿泥石、(铁)方解石、黄铁矿、黑云母、伊/蒙混层	CaF沉淀、硅酸沉淀、酸蚀后颗粒运移	酸化中加铁螯合剂和除氧剂
	HF	(铁)方解石、(铁)白云石，各类黏土、长石、部分岩屑、白云母	CaF沉淀、氟硅酸铝盐沉淀、氟铝酸盐沉淀	加适当的添加剂以减少铁的沉淀，用盐酸或醋酸溶解碳酸盐矿物，残酸及时返排
碱 敏		各类黏土(尤其以高岭石为主)、长石、石英	硅酸盐沉淀、硅胶沉淀、分散/运移、颗粒运移、晶格膨胀	控制工作液的pH值，加黏土稳定剂，减少滤失量
速 敏		高岭石、伊利石、绿泥石、伊/蒙混层、微晶石英、非晶质物	分散/运移	减小压力流动和流速，加黏土稳定剂或用氯硼酸处理黏土

续表

敏感性	敏感性矿物	损害方式	预防及处理措施
出 砂	微晶石英、碎屑颗粒	固体颗粒运移	降低流速和压力波动,并采用防砂完井方法
无机结垢	碳酸钙、硫酸钙	化学沉淀	控制压力变化、工作液的矿化度组成及 pH,加防垢剂,用盐酸、醋酸处理

根据对 TAC2 井储层岩石物性的系统分析,可以初步得到以下结论与建议:

(1) 储层损害的主要形式为水敏、酸敏、盐敏和水锁,储层损害程度顺序为水敏＞酸敏＞盐敏＞水锁＞速敏＞碱敏。

(2) 在钻井作业中,屏蔽暂堵技术是最经济的防止地层损害的方法。

(3) 压裂尤其是油基液压裂可能是油层改造最佳方法。

(4) 在射孔、注水工艺中,适当添加黏土稳定剂、表面活性剂等,防止水敏、盐敏和水锁敏感性。

(5) 在酸化作业中,要选择性地添加铁螯合剂和除氧剂,并及时返排残液,防止酸化引起地层损害。

(6) 由于储层渗透率低,孔隙喉道小,注采、试油等作业中应严格控制产注速度,防止速敏损害。

6.2　多套压力系统储层伤害预测技术

钻一口新井前,地层各深度处的岩石力学参数和地层物性是通过预测来确定的。以往的预测常常是根据宏观均质原理和压实原理,并通过室内实验和数理统计方法建立起力学参数随井深变化的经验梯度公式,或是根据邻井对比来大致确定与邻井处于相同深度的岩石力学性质。这种预测用在地层起伏不大、地质构造相对稳定的地区是很有效果的,但实际上,由于受构造运动和沉积条件的影响,地层层段深浅恒定不变、厚度均一等的现象是很少见的,因此在地层起伏较大、地质构造复杂的地区,这种预测就显得无能为力了,而需要从横向上对地层的变化规律进行研究。利用 QD 构造已钻井对地层界面准确划分,采用非线性回归手段,建立了 QD 构造地质分层的界面方程。所谓界面,是指地层与地层的交接面。界面方程是描述地质分层与大地坐标间函数关系的。从宏观上讲,地层构造复杂,层位多变,地质分层随大地坐标的规律是很难发现的,描述这一规律的函数关系也是很难确定的;从微观上讲,地表构造运动的产物——区域构造剖面却较完整地保留了原地层的自然面貌:地层径向相对稳定,纵向分层变化有一定规律。因此以区域构造剖面为重点,进行数学拟合、统计分析,就可能发现并掌握这一规律——地质分层与井位坐标之间的函数关系,这就是地层分层界面方程。

界面方程的建立为地层物性和岩石力学性质横向预测提供了重要手段。

6.2.1　分层界面方程的建立

对同一横坐标值,地层界面值随纵坐标的逐渐增大而呈现上下波动;对同一纵坐

地层界面值也随横坐标的逐渐增大而呈现上下波动。可见,界面必是一空间曲面,故可采用如下模式来回归界面方程:

$$Z = a + bx + cy + dx^2 + exy + fy^2 \tag{6-1}$$

式中　a,b,c,d,e,f——待定常数。

假设 QD 构造上有 n 口井,第 i 口井的地理坐标为 (x_i, y_i),对应的界面深度值为 Z_i。若满足趋势面方程(6-1),则有:

$$\sum_{i=1}^{n}(Z_n - Z_i)^2 = \sum_{i=1}^{n}(a + bx_i + cy_i + dx_i^2 + ex_iy_i + fy_i^2 - Z_i)^2 \tag{6-2}$$

由回归分析方法知,式中系数 a,b,c,d,e,f 可由如下方程组:

$$\left. \begin{aligned}
a\sum 1 + b\sum x + c\sum y + d\sum x^2 + e\sum xy + f\sum y^2 &= \sum Z \\
a\sum x + b\sum x^2 + c\sum xy + d\sum x^3 + e\sum x^2y + f\sum xy^2 &= \sum xZ \\
a\sum y + b\sum xy + c\sum xy^2 + d\sum x^2y + e\sum xy^2 + f\sum y^3 &= \sum yZ \\
a\sum x^2 + b\sum x^3 + c\sum x^2y + d\sum x^2y^2 + e\sum x^3y + f\sum x^2y^2 &= \sum x^2Z \\
a\sum xy + b\sum x^2y + c\sum xy^2 + d\sum x^3y + e\sum x^2y^2 + f\sum xy^3 &= \sum xyZ \\
a\sum xy^2 + b\sum xy^2 + c\sum y^3 + d\sum x^2y^2 + e\sum xy^3 + f\sum y^4 &= \sum y^2Z
\end{aligned} \right\} \tag{6-3}$$

解得,其中"$\sum$"均表示相应从 1 到 n 求和。

6.2.2　界面方程的拟合效果分析

趋势面和原始数据的拟合效果可由绝对误差 E_s、平均绝对误差 E_M 和拟合度 μ 来衡量:

$$E_s = \left[\sum_{i=1}^{n}(Z_n - Z_i)^2\right]^{1/2} \tag{6-4}$$

$$E_M = \frac{E_s}{\sqrt{n}} \tag{6-5}$$

$$\mu = \frac{\left(\sum_{i=1}^{n} Z_n^2\right)^{1/2}}{\left(\sum_{i=1}^{n} Z_i^2\right)^{1/2}} \tag{6-6}$$

6.2.3　数据的收集和计算

各口井的坐标和界面数据均来源于井史资料,将这些数据整理成表 6-2,表中界面值为减掉海拔后的相对海平面的值。

将上面各层的数据代入式(6-3)中,解得各地层的 a,b,c,d,e,f 值,然后进行拟合效果分析,计算出各界面的 E_s,E_M 和 μ。

各层的计算结果见表 6-3。

表 6-2 QD 构造地层原始参数表

井　号		QD8 井	QD9 井	QD7 井	QD21 井	QD4 井	QD3 井	QD6 井	QD5 井	DS1 井
横坐标 x/m		16 304 740	16 304 760	16 306 200	16 306 490	16 307 202	16 308 019	16 309 999	16 311 301	16 307 500.01
纵坐标 y/m		4 775 924	4 774 125	4 774 650	4 775 445	4 776 103	4 774 905	4 776 151	4 777 925	4 775 500.01
地层	Q	−593	−424	−559	−565	−435	—	−414	−437	−408.45
	N_2p+N_1t	172	551	79	33	−15	—	136	373	221.55
	Esh	532	657	425	368	295	—	606	683	496.55
	K_1h	—	873	781	757	645	—	896	938	631.55
	J_3q	1 904	1 766	1 754	1 737	1 788	1 785	1 786	1 873	1 716.55
	J_2q	2 056	2 023	1 906	1 897	1 883	1 908	1 986	2 023	1 771.55
	J_2s	2 491	2 417	2 088	2 170	2 163	2 143	2 606	2 245	3 359.55
	J_2x	3 028	3 152	2 866	2 855	2 901	2 596	3 036	2 998	3 470.55

表 6-3 QD 构造各地层界面方程系数及拟合效果分析表

地　层	井数	a	b	c	d	e	f	E_s/m	E_M/m	μ/%
Q	7	$-5.701\,337\,7\times10^{-3}$	$8.191\,970\times10^{-11}$	$-1.489\,239\times10^{-9}$	$5.002\,871\times10^{-17}$	$2.008\,737\times10^{-11}$	$-2.146\,463\times10^{-11}$	192.3	72.7	98.9
N_2p+N_1t	7	$1.341\,995\times10^{-4}$	$2.085\,373\times10^{-10}$	$-6.650\,263\times10^{-10}$	$1.000\,000\times10^{-17}$	$4.312\,389\times10^{-12}$	$8.323\,183\times10^{-12}$	496.1	187.5	71.2
Esh	7	$-6.592\,884\times10^{-3}$	$-2.228\,344\times10^{-10}$	$-1.261\,507\times10^{-9}$	$-2.375\,545\times10^{-18}$	$-6.514\,480\times10^{-18}$	$2.232\,625\times10^{-11}$	369.6	139.7	96.5
K_1h	6	$-6.898\,706\times10^{-3}$	$-1.858\,538\times10^{-10}$	$-1.318\,567\times10^{-9}$	$-1.662\,400\times10^{-18}$	$-2.171\,308\times10^{-19}$	$3.573\,426\times10^{-11}$	241.5	98.6	99.3
J_3q	8	$-7.524\,172\times10^{-4}$	$-4.176\,408\times10^{-11}$	$1.039\,657\times10^{-9}$	$-2.203\,525\times10^{-17}$	$-8.687\,562\times10^{-17}$	$7.888\,591\times10^{-11}$	153.3	54.2	100.0
J_2q	8	$1.518\,810\times10^{-3}$	$-2.782\,687\times10^{-10}$	$1.123\,526\times10^{-9}$	$-1.576\,976\times10^{-17}$	$-5.240\,568\times10^{-17}$	$8.567\,622\times10^{-11}$	331.2	117.1	99.7
J_2s	8	$3.235\,260\times10^{-4}$	$-2.880\,182\times10^{-10}$	$8.313\,085\times10^{-10}$	$-1.539\,528\times10^{-17}$	$-6.057\,675\times10^{-17}$	$1.004\,252\times10^{-10}$	331.2	117.1	99.7
J_2x	8	$3.039\,284\times10^{-3}$	$-4.559\,663\times10^{-10}$	$2.194\,272\times10^{-9}$	$-2.728\,250\times10^{-17}$	$1.080\,278\times10^{-16}$	$1.284\,267\times10^{-10}$	443.2	156.7	99.9

6.3 多套压力系统储层伤害敏感性评价

6.3.1 储层岩心敏感性实验及损害机理研究

1. 实验概况

1)实验方法及其准备

岩心敏感性流动实验是在储层特征研究的基础上进一步弄清储层的潜在损害因素,达到更深入地认识储层和评价储层的目的。岩心敏感性流动实验在保护储层中是一项很重要的基础工作,对其后的一些室内实验和生产都起着重要的指导作用。

分三次从吐哈油田取 QD 构造岩心 178 块,对所有岩心进行清理登记、切端面、洗油、烘干、量尺寸、气测渗透率和孔隙度等工作,剔除损坏和渗透率太低的岩心,挑选出能用于实验的真正代表储层的岩心 68 块,这些岩心集中于 QD7 井的 J_2s 储层。

岩心敏感性流动实验研究的内容包括速敏、水敏、盐敏、酸敏、碱敏和正反向流动。其中,速敏包括煤油速敏和模拟地层水速敏,盐敏包括升高矿化度和降低矿化度,正反向流动包括地层水正向流动、地层水反向流动、蒸馏水正向流动和蒸馏水反向流动,因此敏感性实验共有 6 类 11 种。

敏感性实验的主要依据和标准是中国石油天然气总公司制定的《砂岩地层岩心静态流动实验推荐程序》,部分实验内容根据经验和油田的实际情况做了适当修改和补充。

2)实验岩心和实验流体

岩心敏感性流动实验要求所用岩心能够代表所研究储层的真实情况。通过对岩心气测渗透率和孔隙度资料的分析,剔除了渗透率小于 $1\times 10^{-3}~\mu m^2$ 的岩心。实验岩心全部来自 QD7 井的 J_2s 储层,岩心直径为 2.5 cm,长度为 4~6 cm。

实验流体分为油和盐水两类,用脱水干燥过的煤油作为油类流体,用配制的模拟地层盐水作为盐水类流体。由于 QD7 井 J_2s 没有取得地层水分析资料,因此从油田取回的大量水分析资料中选取了 QD9 井 J_2s 的水分析资料来代替,见表 6-4。

表 6-4 QD9 井 J_2s 水分析资料

阳离子含量/(mg·L^{-1})				阴离子含量/(mg·L^{-1})			
K^+,Na^+	Ca^{2+}	Mg^{2+}		Cl^-	SO_4^{2-}	HCO_3^-	CO_3^{2-}
877.54	2.09	8.45		471.8	163.3	945.8	180.0
总矿化度:2 649.0 mg/L				水型:$NaHCO_3$		pH=9.5	

考虑到地层水中的 CO_3^{2-} 与 Ca^+ 和 Mg^{2+} 反应会生成 $CaCO_3$ 和 $MgCO_3$ 沉淀,因此用等当量的 Na^+ 来代替 Ca^{2+} 和 Mg^{2+}。实验所用的模拟地层水矿化度是根据岩心实验的结果来确定的,总矿化度为 9 501.6 mg/L。实验用模拟地层水配方见表 6-5。

表 6-5 实验用模拟地层水配方   单位：mg/L

Na_2SO_4	Na_2CO_3	$NaHCO_3$	NaCl	总矿化度
868.8	1 144.8	4 688	2 800	9 501.6

2. 储层速敏性评价

1) 速敏实验目的和原理

储层的速度敏感性是指在试油、采油、注水等作业过程中，当流体在储层中流动时，由于流体的水动力作用，引起储层中颗粒运移并堵塞一些细小的喉道，造成储层渗透率下降的现象。对于特定的储层，储层中颗粒运移而造成的储层损害主要是由储层中流体流动速度的变化对渗透率的影响造成的，因此要找出使渗透率发生损害的临界流速。

此外，研究表明有些地层颗粒是随润湿相的流动而发生运移的，因此地层的润湿性和地层中流体的性质也是影响颗粒运移和地层速敏性的重要因素。考虑到在采油作业和注水作业中流体的性质截然不同，因此分别用煤油和模拟地层水作为流体来做速敏实验，以便得到在采油和注水作业中不同流速限制的依据。

另外，速敏实验作为五敏实验中首先进行的一项内容，它的实验结果也将为随后进行的各种类型的流动实验提供应当遵循的合理实验流速。

2) 速敏实验程序

(1) 岩心抽真空，饱和煤油或模拟地层水，浸泡 24 h 左右。

(2) 实验流量依次为：0.10，0.25，0.50，0.75，1.0，1.5，2.0，2.5，3.0，3.5，4.0，5.0 和 6.0 mL/min。

(3) 用煤油或模拟地层水在每一种流量下测定岩心的渗透率。要求每 10 min 测量一个点，直至连续三点的渗透率相对误差小于 1‰ 后再改换下一流量进行测定（注：此处的渗透率测量要求对后面任何实验的渗透率测量都是适用的，故后面不再重复）。

3) 速敏实验结果及分析

分别选取 4 块不同渗透率的岩心做煤油速敏实验，实验结果见表 6-6 和图 6-1～图 6-4（图中，K_f 为岩心渗透率，F_v 为速敏系数，Q 为流量）。

表 6-6 煤油速敏实验结果

岩心号	层位	取心号	K_∞ /($10^{-3}\mu m^2$)	K_{max} /($10^{-3}\mu m^2$)	K_{min} /($10^{-3}\mu m^2$)	临界流量		$\dfrac{K_{min}}{K_{max}}$	速敏程度	速敏系数
						线性流 /(mL·min^{-1})	径向流 /(m^3·d^{-1}·m^{-1})			
QD47	J_2s	3(18/37)	30	34.7	7.52	0.1	0.41	0.22	强	0.71
QD80	J_2s	4(2/23)	105	138.0	22.7	0.7	2.88	0.16	强	0.50
QD89	J_2s	4(13/23)	51	34.8	17.0	2.0	8.22	0.49	中	0.20
QD97	J_2s	4(16/23)	115	106.0	37.1	0.1	0.41	0.35	中	0.24

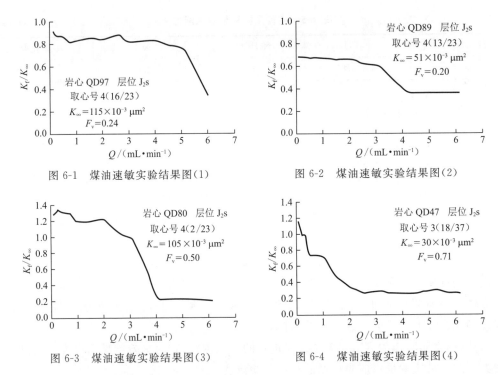

图 6-1　煤油速敏实验结果图(1)　　　　图 6-2　煤油速敏实验结果图(2)

图 6-3　煤油速敏实验结果图(3)　　　　图 6-4　煤油速敏实验结果图(4)

由实验结果可以看出,煤油对 QD 构造 J_2s 岩心的速敏损害程度为中—强,与岩心渗透率无明显关系。

用 5 块不同渗透率的岩心做模拟地层水速敏实验,实验结果见表 6-7 和图 6-5～图 6-9。可以看出,其损害程度为弱—强。当流体矿化度为 2 650 mg/L 时,速敏损害程度为中—强;当流体矿化度为 9 500 mg/L 时,速敏损害程度为弱。由于低的流体矿化度可能使岩心内部的黏土矿物产生膨胀,因此当流体矿化度为 2 650 mg/L 时,总的渗透率损害既包括速敏损害又包括水敏损害;而当流体矿化度为 9 500 mg/L 时,黏土膨胀产生的水敏损害减小到最低限度,因此可以认为在该矿化度下的速敏实验反映了岩心的真实速敏损害,即 QD 构造 J_2s 具有弱的盐水速敏性。

表 6-7　模拟地层水速敏实验结果

岩心号	取心号	K_∞ /(10^{-3} μm^2)	K_{max} /(10^{-3} μm^2)	K_{min} /(10^{-3} μm^2)	临界液量 线性流 /(mL·min^{-1})	临界液量 径向流 /(m^3·d^{-1}·m^{-1})	$\dfrac{K_{min}}{K_{max}}$	速敏程度	速敏系数	矿化度 /(mg·L^{-1})
QD48	3(18/37)	29.9	22.1	5.14	0.25	1.03	0.23	强	0.74	2 650
QD79	4(2/23)	107	29.4	12.10	0.10	0.41	0.41	中	0.53	2 650
QD90	4(13/23)	48	12.8	5.61	0.10	0.41	0.44	中	0.51	2 650
QD91	4(14/23)	38	24.7	17.60	0.10	0.41	0.71	弱	0.24	9 500
QD98	4(16/23)	116	32.6	17.30	0.25	1.03	0.53	中	0.44	2 650

从临界流量来看,所有岩心都具有很低的临界流量值,这表明当地层中流体的流速很低

时便可发生颗粒运移。

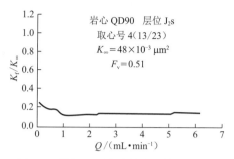

图 6-5 模拟地层水速敏实验结果图(1)

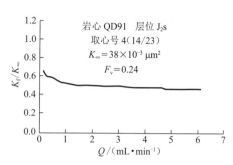

图 6-6 模拟地层水速敏实验结果图(2)

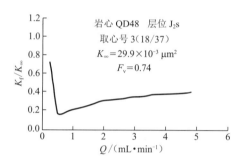

图 6-7 模拟地层水速敏实验结果图(3)

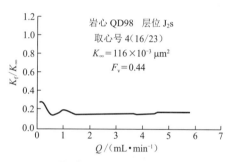

图 6-8 模拟地层水速敏实验结果图(4)

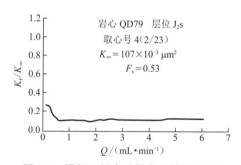

图 6-9 模拟地层水速敏实验结果图(5)

实验室内用岩心测出的速度损害临界流量必须转换为地层径向流条件下的临界流量才能指导生产。下面分别把煤油速敏实验和模拟地层水速敏实验得到的临界流量转换为地层径向流条件下的临界流量,得到在采油和注水作业中不使储层产生速敏损害的最高日产油量和日注水量。推导过程如下:

设实验得到岩心线性流动时临界流量,则径向流时视临界流速应等于岩心线性流动时临界流量除以岩性横截面积和孔隙度,即

$$v_c = \frac{Q_c}{(\pi/4)D^2\phi} = \frac{4Q_c}{\pi D^2 \phi} \tag{6-7}$$

式中 Q_c——实验岩心线性流动时临界流量,cm^3/min;

v_c——岩心径向流时视临界流速,cm/min;

D——实验岩心直径,cm;

ϕ——岩心孔隙度,小数。

对于地层径向流情况,有:

$$v = \frac{Q}{2\pi r h \phi} \tag{6-8}$$

式中　v——地层中任一点 r 的流速,cm/min;

　　　Q——油层临界产油量或注水量,m^3/d;

　　　r——地层中任一点距井眼中心的距离,cm;

　　　h——油层有效厚度,m。

在式(6-8)中,地层中任一点 r 的流速 v 与井眼中心距 r 成反比,r 越小,v 越大,即在井壁处 $r=r_w$ 时 v 是最大的。为了限制 v 不超过临界流速 v_c,在 $r=r_w$ 处(井壁)令 $v=v_c$,可得:

$$v_c = \frac{Q}{2\pi r_w h \phi} \tag{6-9}$$

式中　r_w——井眼半径(射孔井为孔眼端部距井中心距离),cm。

由式(6-7)和式(6-9)可得到:

$$\frac{Q}{h} = \frac{8 r_w Q_c}{D^2} \tag{6-10}$$

式(6-10)即为根据速敏实验结果得到的采油或注水时单位地层厚度的产油量或注水量,将其换算为油田常用单位应为:

$$\frac{Q}{h} = \frac{1.152 r_w Q_c}{D^2} \quad [m^3/(d \cdot m)] \tag{6-11}$$

根据 QD 构造已钻井资料可知,钻井油层所用钻头为 8.5 in,油层套管为 5.5 in,根据油层平均孔隙度 12%,用 YD-89 型射孔弹射穿地层约 11.3 cm(除去套管和水泥环厚度)。取平均井眼半径为 11 cm,则射孔孔眼端部距井眼轴心约 22.3 cm。因此式(6-11)中 r_w 取为 22.3 cm,岩心直径取 2.5 cm,并分别代入煤油和模拟地层水的临界流量 Q_c,即可得到采油时的地层限制产量为 0.41～8.22 $m^3/(d \cdot m)$,注水时的限制注入量为 0.41～1.03 $m^3/(d \cdot m)$。将此数据乘以油层有效厚度便可得到极限油井日产油量和注水井日注水量。

如果油田采用其他类型的射孔弹,则可按实际穿透深度由式(6-11)计算日产油量和日注水量。射孔穿透深度越大,允许的流量越大。

当把实验数据应用于生产实际时,应根据采油井和注水井的具体情况进行具体分析,以便采取更符合实际的对策。由径向流渗流公式可知,无论是采油井还是注水井,流体在地层中总是距井眼轴心越远其流速越小,而在井壁处流速达到最大,也就是说,井壁附近是最容易发生颗粒运移的地方。

对于采油井来说,由于流动方向是从地层往井眼中流动,因此,当井壁附近发生颗粒运移时,一些颗粒可能通过井眼排出地层,即使在近井壁附近造成了一定程度的堵塞,也可以通过酸化解堵。对于注水井来说,情况则相反,由于流体是从井眼内往地层中流动,在近井壁地带产生的运移颗粒不仅会造成近井壁的堵塞,一些颗粒还会侵入地层的深部,由于地层深部流速降低,这些颗粒便很容易沉积下来,从而造成地层深部的堵塞损害,这种损害难以用酸化的方法解除。

综上所述,建议对于采油井在临界流量的范围内取高值,对于注水井则取低值,并对注入水进行精细过滤,除去杂质。此外,在注入水中加入一定量的黏土稳定剂可提高临界流量,降低速敏损害程度。

3. 储层水敏损害评价

1)水敏实验目的和原理

地层中黏土矿物在原始的地层条件下处于具有一定矿化度的盐水环境中,当淡水进入地层后,某些黏土矿物就会发生膨胀、分散,减小或堵塞地层的孔隙和喉道,造成渗透率降低。地层的这种遇淡水后渗透率降低的现象称为地层的水敏性。

水敏实验的方法是:首先用模拟地层水测岩心渗透率 K_f,然后用模拟次地层水(降低一半浓度的模拟地层水)测岩心渗透率 K_{sf},最后用蒸馏水测岩心渗透率 K_w。由 K_w/K_f 的值便可得到岩心(地层)水敏程度,见表6-8。

表6-8 储层水敏性评价标准

K_w/K_f	<0.3	0.3~0.7	>0.7
水敏程度	强	中	弱

2)水敏实验程序

(1)岩心抽真空,饱和模拟地层水,浸泡24 h左右。
(2)测模拟地层水下的岩心渗透率 K_f。
(3)用模拟次地层水驱替10~15 PV,浸泡20 h左右。
(4)测模拟次地层水下的岩心渗透率 K_{sf}。
(5)用蒸馏水驱替10~15 PV,浸泡20 h左右。
(6)测蒸馏水下的岩心渗透率 K_w。

由于岩心数量有限以及水敏实验与降低矿化度的盐敏实验方法的一致性,因此把水敏实验和降低矿化度的盐敏实验合在一起进行。实验结果表明,QD构造 J_2s 为强水敏性地层。

4. 储层盐敏性评价

1)盐敏试验目的和原理

在完井作业中,为了满足不同的工艺要求,各种工作液具有不同的矿化度,有的低于地层水矿化度,有的高于地层水矿化度。当这些工作液的滤液进入地层后,会使地层局部的矿化度发生改变。有的黏土矿物对所处环境的矿化度十分敏感。当矿化度降低时,会引起某些黏土矿物的膨胀、分散;当矿化度升高时,黏土会收缩、失稳、脱落,引起颗粒运移。这些都将导致地层孔隙和喉道的缩小、堵塞,从而引起渗透率的下降,使地层发生损害。

盐敏实验的目的就是评价当实验流体的矿化度升高或下降时岩心(地层)渗透率的变化

情况,并找出渗透率开始下降的临界矿化度。实验分为两部分:一部分是从地层水矿化度开始逐步降低实验流体的矿化度,得到临界矿化度的下限;另一部分是从地层水矿化度开始逐步增大实验流体的矿化度,找出临界矿化度的上限。

完井液、修井液、射孔液等都应当根据盐敏评价实验的结果来进行设计,以免对地层产生损害。

2) 盐敏实验程序

(1) 岩心抽真空,饱和模拟地层水,浸泡 24 h 左右。
(2) 测模拟地层水下的岩心渗透率。
(3) 用高(低)一级浓度的模拟地层水驱替 10~15 PV,浸泡 20 h 左右。
(4) 用改变浓度后的模拟地层水测岩心渗透率。
(5) 重复步骤(3)和(4),直到做完所有浓度等级的模拟地层水。

注:模拟地层水的浓度等级根据具体情况而定,一般是开始几级的浓度变化小一些,后来逐步增大浓度差。

3) 盐敏实验结果及分析

(1) 降低矿化度实验。

降低矿化度盐敏实验结果见表 6-9 和图 6-10、图 6-11。

表 6-9 降低矿化度盐敏实验结果

岩心号	层位	取心号	K_∞ /($10^{-3} \mu m^2$)	矿化度 /(10^4 mg·L^{-1})	0.95	0.855	0.76	0.57	0.38	0.00	盐敏程度
QD42	J_2s	2(5/13)	17.5	K_f/($10^{-3} \mu m^2$)	9.13	6.71	5.53	5.05	3.77	1.33	强
				损害程度/%	—	26.5	39.4	44.7	58.7	85.4	
QD100	J_2s	4(19/23)	50.0	K_f/($10^{-3} \mu m^2$)	24.40	19.10	14.70	11.80	7.53	3.10	强
				损害程度/%	—	21.7	39.8	51.6	69.1	87.3	

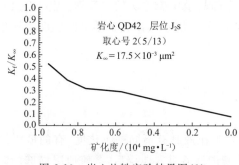

图 6-10 岩心盐敏实验结果图(1)

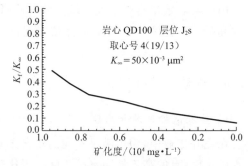

图 6-11 岩心盐敏实验结果图(2)

实验的两块岩心对流体矿化度的降低非常敏感,当流体矿化度从 9 500 mg/L 降至 8 550 mg/L 时,岩心渗透率损害为 21.7%~26.5%;当流体矿化度为 0 时,岩心渗透率损害达到 85%以上。

造成地层遇淡水渗透率下降的损害机理有两种:一种是黏土膨胀使地层孔隙和喉道尺寸变小,特别是喉道尺寸的改变对渗透率的影响很大;另一种是黏土膨胀后分散脱落,随流体流动堵塞在小的喉道处造成堵塞损害。在大多数情况下,这两种损害机理同时存在和发生,但对于不同的地层和不同的滤液条件,其中的某一种损害机理占主导地位,而另一种则居于次要地位。

为了弄清地层在淡水中的侵入损害机理,对测完淡水渗透率的盐敏实验岩心又重新注入模拟地层水并浸泡 20 h,然后再测其渗透率,结果表明受损害岩心的渗透率没有恢复,这说明岩心在受到淡水侵入损害后,地层中黏土以分散堵塞喉道为主。

(2) 升高矿化度实验。

升高矿化度盐敏实验结果见表 6-10 和图 6-12、图 6-13。

表 6-10 升高矿化度盐敏实验结果

岩心号	层位	取心号	K_∞ /($10^{-3}\mu m^2$)	矿化度 /(10^4 mg·L^{-1})	0.95	1.05	1.24	1.43	1.71	2.09	3.12	盐敏程度
QD72	J_2s	3(19/37)	15	K_f/($10^{-3}\mu m^2$)	4.37	3.85	3.75	3.43	3.13	3.15	3.19	弱
				损害程度/%	—	11.9	14.2	21.5	28.4	27.9	27.0	
QD103	J_2s	4(20/23)	40	K_f/($10^{-3}\mu m^2$)	23.4	20.5	19.6	17.9	15.9	16.0	16.4	弱
				损害程度/%	—	12.4	16.2	21.5	32.1	31.6	29.9	

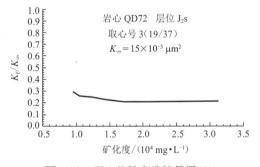

图 6-12 岩心盐敏实验结果图(3)

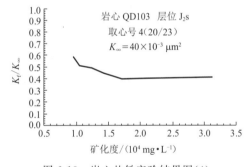

图 6-13 岩心盐敏实验结果图(4)

降低矿化度会使地层中的黏土膨胀、分散并运移,而升高矿化度则会使地层中的黏土矿物收缩、脱落并堵塞地层喉道。这两种情况虽然损害机理不一样,但它们的共同特点都是黏土矿物的形态发生改变并破坏其原有的稳定结构,从而导致地层渗透率的损害。

实验中从模拟地层水开始逐渐升高实验流体矿化度,直到实验流体矿化度为 31 200 mg/L。实验结果表明两块岩心的渗透率损害程度都小于 30%,属于弱损害。这说明高矿化度的外来流体(流体矿化度低于 31 200 mg/L)对 QD 构造 J_2s 损害不大。

5. 储层碱敏性评价

1) 碱敏实验的目的和原理

地层流体一般是中性或弱碱性,但大多数钻井液 pH 值在 8~12 之间,普遍比地层水的

pH 要高,而固井时水泥浆的 pH 更高,可达到 13。此外,采用化学驱油时,如碱液驱油,也有很高的 pH。

当高 pH 的流体进入地层后,其主要损害机理是造成地层中黏土矿物和硅质胶结的结构破坏(黏土矿物解离,胶结物溶解后释放颗粒),从而造成地层的堵塞损害。此外,高 pH 的流体进入储层后,大量的 OH^- 与某些二价阳离子结合生成不溶解的物质,也会造成地层的堵塞损害。

碱敏性实验是在模拟地层水中加入一定量的 NaOH,配成具有不同 pH 的实验流体,观察岩心在高 pH 流体作用下的损害情况。

2)碱敏实验程序

(1)岩心抽真空,饱和模拟地层水,浸泡 24 h 左右。
(2)测模拟地层水下的岩心渗透率。
(3)用高 pH 的模拟地层水驱替 10~15 PV,浸泡 20 h。
(4)用改变 pH 的流体测岩心渗透率。
(5)重复步骤(3)和(4),直至做完所有不同 pH 的流体。

3)碱敏实验结果及分析

碱敏实验结果见表 6-11 和图 6-14、图 6-15。

表 6-11 碱敏实验结果

岩心号	矿化度 /(mg·L^{-1})	K_∞/($10^{-3}\mu m^2$)	pH	9.5	10.6	11.5	12.4	13.3	碱敏程度
QD55	9 500	74.9	K_f/($10^{-3}\mu m^2$)	61.3	54.1	53.2	55.5	50.6	弱
			损害程度/%	—	11.7	13.2	9.5	17.5	
QD105	9 500	32.0	K_f/($10^{-3}\mu m^2$)	16.4	13.9	13.0	10.6	9.74	中
			损害程度/%	—	15.2	20.7	35.4	40.6	

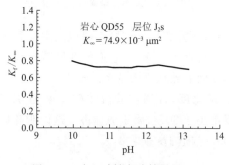

图 6-14 岩心碱敏实验结果图(1)

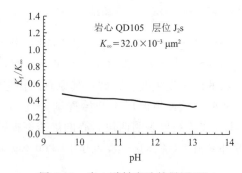

图 6-15 岩心碱敏实验结果图(2)

当实验流体的 pH=13.3 时,两块岩心的碱敏损害为 17.5%~40.6%,分别属于弱和中等碱敏性。

6. 储层酸敏性评价

1) 酸敏实验的目的和原理

如果在完井过程中,井眼附近的地层受到了堵塞损害,或者地层本身渗透率较低,影响原油的流出,则需要进行酸化处理以改善地层的孔隙结构和连通状况,从而达到增产的目的。一方面,酸液对地层的孔喉有一定的溶蚀扩大作用,可使地层渗透率增大;另一方面,酸液与地层中某些矿物发生反应产生的沉淀会造成地层的堵塞。地层的酸敏性就是这两种作用的综合反映。

对于砂岩酸化,HF 与地层反应产生的不溶性物质有 Na_2SiF_6,K_2SiF_6,Na_3AlF_6,K_3AlF_6 和 CaF_2 等;HCl 主要与地层中的含铁矿物反应生成 $Fe(OH)_3$ 沉淀。这些化合物大多数是胶状体,它们占据了储层大量的孔隙空间,并牢牢地黏附在岩石表面上,造成地层的堵塞损害。

地层酸敏损害的程度取决于地层中各种酸敏性矿物的成分、含量以及酸液的配方和酸化施工措施。由于不同油田使用的酸液配方各不相同,为了使酸敏实验的结果对所有的油田都具有可比性,就需要排除一切与地层性质无关的影响因素,因此采用不含任何添加剂的 HCl 和 HF 作为实验流体,运用标准化实验流程,这样可以充分反映出地层性质对酸敏实验结果的影响,至于酸液配方和酸化施工措施的效果评价则需进行专门的实验。

2) 酸敏实验程序

(1) HCl 酸敏(盐酸质量分数为 10%)。

① 岩心抽真空,饱和模拟地层水,浸泡 24 h。
② 正向测模拟地层水下的岩心渗透率 K_f。
③ 反向注入 0.5～1.0 PV HCl 酸液。
④ 酸液与岩心静置反应 2 h,温度 60 ℃。
⑤ 注入 10 PV 模拟地层水 4 h。
⑥ 岩心抽空排气,饱和模拟地层水 4 h。
⑦ 正向测模拟地层水下的岩心渗透率 K_f'。
⑧ 通过 K_f'/K_f 确定酸敏程度。

(2) HF 酸敏(HF 质量分数为 2%)。

① 岩心抽真空,饱和模拟地层水,浸泡 24 h。
② 正向测模拟地层水下的岩心渗透率 K_f。
③ 反向注入 10 PV 的 NH_4Cl 溶液(质量分数为 2%～6%)。
④ 反向注入 0.5～1.0 PV 的 HF 酸液。
⑤ 酸液与岩心静置反应 2 h,温度 60 ℃。
⑥ 反向注入 10 PV 的 NH_4Cl 溶液(质量分数 2%～6%)驱替残酸。
⑦ 岩心抽空排气,饱和模拟地层水 4 h。
⑧ 正向测模拟地层水下的岩心渗透率 K_f'。
⑨ 通过 K_f'/K_f 确定酸敏程度。

3) 酸敏实验结果及分析

酸敏实验结果见表 6-12。

表 6-12 酸敏实验结果

岩心号	层位	取心号	K_∞ /($10^{-3}\mu m^2$)	酸液类型	实验前 K_f /($10^{-3}\mu m^2$)	实验后 K_f' /($10^{-3}\mu m^2$)	$\dfrac{K_f'}{K_f}$	酸敏程度
QD40	J_2s	2(1/13)	7.74	HCl	2.27	1.16	0.511	弱
QD74	J_2s	3(27/37)	80.0	HCl	23.50	16.40	0.698	弱
QD118	J_2s	4(19/23)	48.3	HF	27.70	20.22	0.730	弱
QD130	J_2s	2(5/13)	8.7	HF	2.56	1.792	0.700	弱

由表可知,所取岩心均为弱酸敏,可推测该储层为弱酸敏性。

7. 正反向流动实验

1) 正反向流动实验的目的和原理

正反向流动实验的目的是进一步确定颗粒迁移及水敏的综合影响。实验采用模拟地层水和蒸馏水依次进行,实验流速为 0.3 mL/min。

当注入液的流速超过临界流速时,即使模拟地层水的矿化度不发生改变,地层孔隙中的黏土颗粒及其他松散颗粒也会发生迁移,堵塞孔隙喉道,引起地层渗透率下降。当达到某一平衡状态之后,改变注入方向,流体反向流动形成的压力可移动正向驱时已相对稳定的颗粒,解降部分孔喉堵塞状态,使渗透率产生突变,但活动颗粒很快又会使另一方向的孔喉堵塞,渗透率进一步下降,并稳定在某一值上。如果地层有水敏性,即使在注入方向不变的条件下注蒸馏水,岩石渗透率也会明显下降,这个现象证明了黏土的水敏性。

2) 正反向流动实验结果及分析

正反向流动实验结果见表 6-13。

表 6-13 正反向流动实验结果

岩心号	层位	取心号	K_∞ /($10^{-3}\mu m^2$)	模拟地层水正向		模拟地层水反向		蒸馏水正向		蒸馏水反向	
				驱替倍数/PV	K_f /($10^{-3}\mu m^2$)	驱替倍数/PV	K_f' /($10^{-3}\mu m^2$)	驱替倍数/PV	K_f /($10^{-3}\mu m^2$)	驱替倍数/PV	K_f' /($10^{-3}\mu m^2$)
QD119	J_2s	4(19/23)	45.72	5	20.27	5	24.12	5	24.12	5	4.15
				10	20.61	10	22.08	10	22.08	10	3.28
				15	19.78	15	18.62	15	18.62	15	3.26
				20	18.96	20	17.76	20	17.76	20	3.25
QD131	J_2s	2(5/13)	9.13	5	2.19	5	2.35	5	2.35	5	0.82
				10	1.87	10	2.08	10	2.08	10	0.67
				15	1.56	15	1.25	15	1.25	15	0.64
				20	0.98	20	0.67	20	0.68	20	0.64

由实验结果可知,储层地层水引起的颗粒运移的确存在,严重程度为中—强;反向驱替

蒸馏水时,瞬时渗透率有明显恢复,随后下降,说明由矿化度降低引起的颗粒释放是最主要的颗粒运移堵塞原因,多数岩心为中偏弱速敏,少数岩心为强速敏。

8. 总体敏感性平均结果

(1) QD 构造 J_2s 岩心煤油速敏损害程度为中到强,地层临界流量为 0.41~8.22 $m^3/(d·m)$;模拟地层水速敏损害程度为强到弱,地层临界流量为 0.41~1.03 $m^3/(d·m)$。如果注入流体矿化度与地层配伍,则速敏损害程度为弱。

(2) 根据降低矿化度的盐敏实验结果,QD 构造 J_2s 岩心为强水敏性。损害后再提高流体矿化度至地层水矿化度,岩心的渗透率没有恢复,说明这种水敏损害已引起了黏土矿物的分散运移,是不可恢复的损害。

(3) 升高矿化度的盐敏实验结果表明,当逐渐升高实验流体矿化度至 31 200 mg/L 时,渗透率损害程度为 27.0%~29.9%,属于弱损害。

(4) 岩心的碱敏性为弱—中等,当 pH=13.3 时,损害程度为 17.5%~40.6%。

(5) HCl 和 HF 的酸敏性均为弱酸敏性。

(6) QD 构造 J_2s 储层敏感性程度按从大到小的顺序排列为:水敏>煤油速敏>降低矿化度盐敏>盐水速敏>碱敏>HCl 酸敏、HF 酸敏>升高矿化度盐敏。

(7) 引起颗粒运移的主要原因是水敏性黏土矿物因矿化度降低而分散脱落,以及一些疏松非黏土颗粒的分散运移,其次是流动速度的改变。

9. 储层敏感性系数及其计算

为了便于全面和定量地评价储层的伤害问题,提出用岩心敏感性系数来综合描述储层伤害程度,以使储层敏感性评价更确切、更科学。

1) 岩心敏感性系数的概念与计算方法

(1) 速敏系数。

岩心速敏实验是储层敏感性实验中一项很重要的内容。通过速敏实验,可以得到不使岩心产生渗透率损害的最大流量,这个流量就是常说的临界流量。

目前,绝大多数情况下临界流量被作为表示岩心速敏性质的唯一参数来使用。但实际上,通过对大量岩心速敏实验曲线的观察和分析,发现很多具有相同临界流量的岩心有着各不相同的曲线形状。这些不同形状的曲线包含了大量的信息,反映出岩心不同的速敏特性。为了把这些包含在曲线中的信息定量表示出来,从分析不同岩心的速敏实验曲线入手,讨论岩心速敏性质描述中存在的问题,提出用岩心速敏系数来全面、客观和定量地描述岩心的速敏性质。岩心速敏系数与临界流量是一种互补的关系,临界流量仅说明了当流量超过它时地层将发生速敏伤害,而速敏系数则能综合表示出地层对流速的敏感程度和地层的伤害程度。

(2) 速敏系数的推导过程。

根据前面的讨论,对速敏系数的要求是既能反映岩心速敏伤害程度的大小,又能反映渗透率随流量的变化趋势,也就是单位流量增量的渗透率下降值。此外,为了方便使用,速敏系数还应当具备标准化和无因次的特点。下面根据上述要求对速敏系数进行推导。

把速敏实验的流量从低到高依次计为 $Q_1, Q_2, \cdots, Q_m$,与之相对应的渗透率计为 K_1,

$K_2,\cdots,K_m$。岩心的最大渗透率和所在的流量分别记为 K_n 和 Q_n，即从 Q_n 以后岩心渗透率便开始下降。岩心单位流量增量的渗透率下降值可用下式表示：

$$\frac{K_n-K_{n+i}}{Q_{n+i}-Q_n} \quad (i=1,2,\cdots,n) \tag{6-12}$$

式(6-12)的物理意义是最大渗透率所对应的点 (K_n,Q_n) 与其后各测点 (K_{n+i},Q_{n+i}) 连线的斜率，这一斜率越大，表示岩心受速敏伤害的程度越高。在 i 的所有可取值范围中，必有一点 p 使式(6-13)取得最大值，即

$$\frac{K_n-K_p}{Q_p-Q_n} \tag{6-13}$$

为式(6-13)的最大值。

为了消除岩心本身渗透率大小和实验流量不同带来的影响，需要对式(6-13)进行无因次化处理，用岩心的最大渗透率 K_n 除分子，用速敏实验规定的最大流量 6 mL/min 除分母，得到：

$$\frac{6(K_n-K_p)}{K_n(Q_p-Q_n)} \tag{6-14}$$

式(6-14)的取值范围为 $0\sim\infty$，在使用上不太方便，需要进行标准化处理。由于式(6-12)本质上是一条直线的斜率，对其求反正切，将其化为 $0°\sim90°$ 之间的角度，再除以 90，便可得到 $0\sim1$ 范围内的数值，即

$$\frac{\arctan\left[\dfrac{6(K_n-K_p)}{K_n(Q_p-Q_n)}\right]}{90} \tag{6-15}$$

由岩心速敏损害程度的定义：

$$\text{岩心速敏损害程度}=\frac{\text{岩心原始渗透率}-\text{岩心伤害后最小渗透率}}{\text{岩心原始渗透率}} \tag{6-16}$$

如果用岩心最大渗透率 K_n 来代表岩心原始渗透率，用 K_1 表示岩心速敏伤害后的最小渗透率，则岩心速敏系数 F_v 定义为式(6-15)和式(6-16)的乘积，即

$$F_v=\arctan\left[\frac{6(K_n-K_p)}{K_n(Q_p-Q_n)}\right]\frac{K_n-K_1}{90K_n} \tag{6-17}$$

很显然，F_v 是一个在 $[0,1]$ 区间的无因次量，当 $F_v=0$ 时表示岩心无速敏性，当 $F_v=1$ 时表示岩心速敏性强。

2) 岩心盐敏、碱敏系数的计算公式

借鉴岩心速敏系数的分析方法，同样可以得到岩心盐敏、碱敏系数的计算公式。

岩心盐敏系数：

$$F_s=\arctan\left[\frac{\Delta S(K_n-K_p)}{K_n(S_p-S_n)}\right]\frac{K_n-K_1}{90K_n} \tag{6-18}$$

岩心碱敏系数：

$$F_a=\arctan\left[\frac{7(K_n-K_p)}{K_n(\mathrm{pH}_p-\mathrm{pH}_n)}\right]\frac{K_n-K_1}{90K_n} \tag{6-19}$$

式中 F_s——盐敏系数；

F_a——碱敏系数；

S_p，S_n——第 p 和第 n 点的矿化度，mg/L；

pH_p，pH_n——第 p 和第 n 点的 pH；

ΔS——最高矿化度与最低矿化度的差值，mg/L。

6.3.2 颗粒表面电荷特征与储层水敏性相关规律研究

注水保持地层压力是吐哈油田开发的主要手段。大量理论研究和实践表明，在中低渗透性砂岩地层的注水工艺中，引起吸水能力严重下降的主要原因是注水过程中造成的地层伤害。导致地层伤害的因素多种多样，其中最常遇到而且又难于控制的因素是注水过程中黏土矿物的膨胀、分散和颗粒运移造成的地层孔隙堵塞。

长期以来注水过程中黏土矿物的膨胀、分散和颗粒运移问题一直受到国内外专家和工程技术人员的高度重视，并对其微观机理进行了大量的研究，取得了一系列重要成果，并已在油田实践中获得了广泛的应用。尽管如此，这一问题仍没有获得圆满的解决。目前理论上存在以下几个方面的不足：

(1) 没有把控制临界流速的机械水动能与控制临界矿化度的物理表面化学作用能结合起来作为一个整体考虑。

(2) 在研究颗粒表面间物理化学作用能复合影响时未强调孔隙表面电学特征的重要作用。

(3) 未注意到孔隙内不同类型的颗粒分散与运移对工作液化学性质的改变具有完全不同的响应。

(4) 未考虑工作液的不同化学性质在控制和影响黏土矿物的膨胀、分散和颗粒运移时的协同效应。

这 4 个方面都是注水过程中黏土矿物膨胀、分散和颗粒运移引起地层伤害所必须考虑的问题。基于上述观点，对此问题从理论上进行了一系列研究工作，提出了颗粒表面电荷特征的系统分类模式及其与黏土矿物膨胀、分散和颗粒运移规律之间的本质联系，由此初步建立了颗粒表面电荷特征与注入水水质控制之间的相关规律，所得结论对注水工艺中防止地层损害具有重要的参考价值。

1. 颗粒表面电荷特征与储层水敏性之间的关系

如图 6-16 所示，注水过程中固相颗粒堵塞主要来自两个方面：一是注入水中外来悬浮颗粒侵入引起的孔隙表面沉积和孔喉拦截；二是当注入水的水质与地层不配伍时，孔隙内的敏感性黏土矿物发生膨胀、分散，产生新的颗粒从而引起堵塞。同时，先前沉积在孔隙表面的各种可移性颗粒也可能出现分散和运移。

从力学角度出发，颗粒的上述分散过程主要受颗粒表面间范德华引力势能、双电层排斥势能、Born 短程排斥势能、注入流体的水动能、颗粒的重力势能和惯性势能、Brownian 扩散能等因素组成的复杂力学体系所控制。当这些力学关系的平衡被打破时，就会引起油藏中的黏土矿物膨胀、分散和颗粒运移，并在孔喉处形成堵塞，从而造成吸水能力严重下降。

$$V_T^n = V_{Ads}^n + V_{DE}^n + V_{Nr}^n + V_{Gr}^n + V_{BF}^n + V_I^n + V_R^n \tag{6-20}$$

式中　V_T^n——表面间总体作用势能,J;
　　　V_{Ads}^n——范德华引力势能,J;
　　　V_{DE}^n——扩散势能,J;
　　　V_{Nr}^n——颗粒所受水动能,J;
　　　V_{Gr}^n——颗粒所受重力势能 J;
　　　V_{BF}^n——颗粒与表面的 Born 排斥势能,J;
　　　V_I^n——范德华力作用能,J;
　　　V_R^n——作用势能,J。

根据胶体化学和数学分析基本原理,经一系列复杂推导不难获得下述结果:

(1) 恒定电势表面边界条件。

K(Deby 双电层厚度倒数)增大 → V_T^n 增大 → 颗粒分散能力增强。

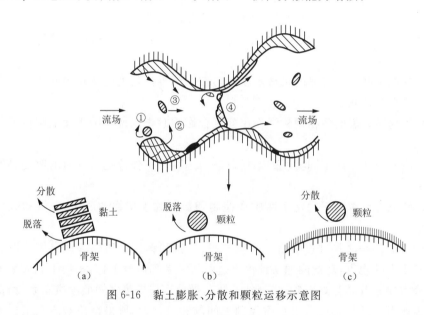

图 6-16　黏土膨胀、分散和颗粒运移示意图

(2) 恒定电荷表面边界条件。

K 增大 → V_T^n 减小 → 颗粒分散能力减弱。

(3) 混合特征边界条件。

K 增大 → V_T^n(1)减小,V_T^n(2)增大 → 参数 σ_p^*(颗粒表面无因次电荷),σ_s^*(骨架表面无因次电荷),ε(介电常数),τ_p(颗粒的位置坐标),τ_s(骨架的位置坐标),δ(初始最小距离)在某些取值条件下,颗粒分散能力减弱,而另一些取值条件下,颗粒分散能力增强,但排斥能总趋势减弱。

对于不定表面边界条件,可以由上述(1)~(3)的理论加以确定。

(1) $\dfrac{\partial \psi_s(K)}{\partial K} \gg \dfrac{\partial \sigma_s''(K)}{\partial K}, \dfrac{\partial \psi_p(K)}{\partial K} \gg \dfrac{\partial \sigma_s''(K)}{\partial K}$,其中,$\psi_s$ 为骨架表面电势,σ_s 为骨架表面电荷,ψ_p 为颗粒表面电势,则近似符合定势理论。

(2) $\dfrac{\partial \psi_s(K)}{\partial K} \ll \dfrac{\partial \sigma_s''(K)}{\partial K}, \dfrac{\partial \psi_p(K)}{\partial K} \ll \dfrac{\partial \sigma_p''(K)}{\partial K}$,其中,$\sigma_p$ 为颗粒表面电荷,则近似符合电

荷理论。

(3) $\dfrac{\partial \psi_s(K)}{\partial K} \gg \dfrac{\partial \sigma''_s(K)}{\partial K}$，$\dfrac{\partial \psi_p(K)}{\partial K} \gg \dfrac{\partial \sigma''_p(K)}{\partial K}$，$\dfrac{\partial \psi_s(K)}{\partial K} \gg \dfrac{\partial \sigma''_s(K)}{\partial K}$，$\dfrac{\partial \psi_p(K)}{\partial K} \ll \dfrac{\partial \sigma''_p(K)}{\partial K}$，则近似符合混合表面条件理论。

(4) $\dfrac{\partial \psi_s(K)}{\partial K} \sim \dfrac{\partial \sigma''_s(K)}{\partial K}$，$\dfrac{\partial \psi_p(K)}{\partial K} \sim \dfrac{\partial \sigma''_p(K)}{\partial K}$，此情况最为复杂，根据偏微分方程基本理论，Poisson-Boltzmann 方程没有确定的解，此时颗粒的分散运移规律可以采用实验方法加以确定。

在式(6-20)决定的所有力学因素中，与注入水水质控制直接相关的主要是双电层排斥势能。图 6-17 表示不同表面特征条件下双电层排斥势能与注入水矿化度之间的定量关系。

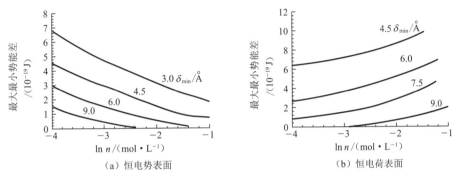

图 6-17 不同表面特征条件下作用势能与矿化条件的关系

另外，根据 Dahneke 理论，颗粒分散的速率常数主要取决于颗粒与孔隙表面间作用势能的大小。

$$C_{rel/dep} = D(S_{max})\left(\dfrac{\gamma_{max}\gamma_{min}}{2\pi K_B T}\right)^{\frac{1}{2}} \exp\left[-\dfrac{V^n_{T\,max} - V^n_{T\,min}}{K_B T}\right] \tag{6-21}$$

其中：

$$\gamma_{max} = \left.\dfrac{\partial^2 V^n_T}{\partial \delta^2}\right|_{\delta_{max}}, \quad \gamma_{min} = \left.\dfrac{\partial^2 V^n_T}{\partial \delta^2}\right|_{\delta_{min}}$$

$$V^n_{T\,max} = V^n_T(\delta_{max}), \quad V^n_{T\,min} = V^n_T(\delta_{min})$$

$$V^n_{T\,max} - V^n_{T\,min} = C_{rel/dep}$$

式中 $C_{rel/dep}$——颗粒与孔隙表面间的作用势能，可能是分散能，也可能是沉积能；

D——扩散系数；

S_{max}——颗粒表面与孔隙表面之间的最大距离；

γ_{max}，γ_{min}——传动装置介电常数最大值和最小值；

K_B——Boltzmann 常数；

T——绝对温度；

δ——颗粒表面间的距离；

δ_{max}，δ_{min}——颗粒表面间最大和最小距离。

2. 颗粒表面电荷特征与注入水矿化度之间的相关规律

1) 黏土矿物膨胀、分散与运移

如图 6-17 所示,注水过程中黏土矿物发生膨胀、分散与运移主要受黏土与孔壁之间、黏土矿物与黏土矿物之间的相互作用势能控制,正如前面所述,由于孔隙表面、黏土表面和黏土端面的电荷特征有着本质上的差异,因此其表面间的相互作用势能对电解质的依赖关系存在本质上的区别。

根据黏土胶体化学原理,黏土表面(face)的电荷主要由类质同晶置换产生,因此其电荷密度不随电解质强度而改变,这就是所谓的黏土颗粒表面的结构电荷;而黏土端面(edge)的电荷主要由晶格破坏并对定势离子 H^+ 或 OH^- 等的吸附产生,因此在理论上,由于端面与渗液的离子平衡,黏土端面电势近似地不随电解质强度而改变。另外,由于砂岩储层的骨架主要为石英和长石等矿物氧化物,大量研究表明,矿物氧化物表面电荷主要靠吸附定势离子产生。因此从理论上讲,孔隙表面电势可近似地认为不随电解质强度变化而改变。但是正如 Kar 等所指出的,即使对 AgI 这样简单的胶体悬浮体系,有时离子交换平衡速度并不能使表面电势不发生改变,比如 Cerda 在一条件下测得石英颗粒表面的电势不随电解质强度改变而变化,而在另一些条件下石英颗粒表面电荷密度则随电解质强度改变而变化。一般来说,多数情况下孔隙表面电势和表面电荷密度都随电解质强度改变而变化,表面间作用势能取决于电势和电荷密度随电解质强度变化的速度,可以按定表面条件理论处理。

(1) 设孔隙表面为恒电势表面。

如果假定孔隙表面为恒电势表面,那么严格地讲,黏土膨胀、分散和运移将受下列三个体系所控制:

$$\sigma\text{-}\sigma : \text{clayface-clayface} \quad 即 \quad \text{cf-cf} \tag{6-22}$$

$$\left. \begin{array}{l} \sigma\text{-}\psi : \text{clayface-porewall} \quad 即 \quad \text{cf-pw} \\ \qquad\quad \text{clayedge-clayface} \quad 即 \quad \text{ce-cf} \end{array} \right\} \tag{6-23}$$

$$\psi\text{-}\psi : \text{clayedge-porewall} \quad 即 \quad \text{ce-pw} \tag{6-24}$$

式中 σ——表面电荷;

ψ——表面电势;

clayface——黏土颗粒表面;

clayedge——黏土端面;

porewall——孔隙壁。

由于与水质调整有关的作用能主要是表面间的物理化学作用势能,因此注入水水质调整对黏土矿物膨胀、分散和颗粒运移的影响规律主要受下述体系所控制:

$$V_T^n = V_{\text{Ads}}^n + V_{\text{DL}}^n + V_{\text{Br}}^n \tag{6-25}$$

式中 V_{Br}^n——表面间势能;

V_{DL}^n——表面间双电层排斥势能。

对于这里研究的问题,采用式(6-25)代替式(6-20)对结论没有本质上的影响。因此,孔隙表面为恒电势条件下黏土矿物的膨胀、分散和运移对水质调整的依赖关系取决于下述四个力学体系:

$$V_{\text{T}}^{\sigma\sigma}(\text{cf-cf}) = V_{\text{Ads}}(\text{cf-cf}) + V_{\text{DL}}^{\sigma\sigma}(\text{cf-cf}) + V_{\text{Br}}(\text{cf-cf}) \tag{6-26}$$

$$V_{\text{T}}^{\sigma\psi}(\text{cf-pw}) = V_{\text{Ads}}(\text{cf-pw}) + V_{\text{DL}}^{\sigma\psi}(\text{cf-pw}) + V_{\text{Br}}(\text{cf-pw}) \tag{6-27}$$

$$V_{\text{T}}^{\sigma\psi}(\text{ce-cf}) = V_{\text{Ads}}(\text{ce-cf}) + V_{\text{DL}}^{\sigma\psi}(\text{ce-cf}) + V_{\text{Br}}(\text{ce-cf}) \tag{6-28}$$

$$V_{\text{T}}^{\psi\psi}(\text{ce-pw}) = V_{\text{Ads}}(\text{ce-pw}) + V_{\text{DL}}^{\psi\psi}(\text{ce-pw}) + V_{\text{Br}}(\text{ce-pw}) \tag{6-29}$$

如果黏土颗粒主要是从大颗粒上分散下来的小颗粒,那么整个体系主要受 $V_{\text{T}}^{\sigma\sigma}(\text{cf-cf})$ 和 $V_{\text{T}}^{\sigma\psi}(\text{ce-cf})$ 所控制;相反,如果颗粒主要直接从孔壁脱落,那么整个体系主要受 $V_{\text{DL}}^{\sigma\psi}(\text{cf-pw})$ 和 $V_{\text{T}}^{\psi\psi}(\text{ce-pw})$ 所控制。

当电解质逐步增加时, $V_{\text{T}}^{\sigma\sigma}$ 和 $V_{\text{T}}^{\sigma\psi}$ 都趋于减小,但是如果电解质的强度猛然上升或下降,都会导致一部分黏土颗粒分散与运移。另外,虽然黏土端面电荷比表面电荷小得多,但是由于 $V_{\text{T}}^{\psi\psi}(\text{ce-pw})$ 随电解质强度增加而增大,因此当电解质强度上升过猛时,也可能导致 $V_{\text{T}}^{\psi\psi}(\text{ce-pw}) + V_{\text{Ads}}(\text{ce-pw})$ 不能再抵抗水力牵引能的冲击作用,一部分颗粒开始从孔壁分散脱落。由于端面的电荷主要取决于注入水的 pH,因此只要适当控制注入水的酸碱度,对于恒电势孔隙表面,只要逐步增加注入水的矿化度,就有利于防止黏土矿物的膨胀、分散和运移。

(2) 设孔隙表面为恒电荷表面。

如果孔隙表面为恒电荷表面,那么类似地,黏土膨胀、分散和运移对注入水水质调整的依赖关系主要取决于下述体系:

$$V_{\text{T}}^{\sigma\sigma}(\text{cf-cf}) = V_{\text{Ads}}(\text{cf-cf}) + V_{\text{DL}}^{\sigma\sigma}(\text{cf-cf}) + V_{\text{Br}}(\text{cf-cf}) \tag{6-30}$$

$$V_{\text{T}}^{\sigma\sigma}(\text{cf-pw}) = V_{\text{Ads}}(\text{cf-pw}) + V_{\text{DL}}^{\sigma\sigma}(\text{cf-pw}) + V_{\text{Br}}(\text{cf-pw}) \tag{6-31}$$

$$V_{\text{T}}^{\sigma\psi}(\text{ce-cf}) = V_{\text{Ads}}(\text{ce-cf}) + V_{\text{DL}}^{\sigma\psi}(\text{ce-cf}) + V_{\text{Br}}(\text{ce-cf}) \tag{6-32}$$

$$V_{\text{T}}^{\sigma\psi}(\text{ce-pw}) = V_{\text{Ads}}(\text{ce-pw}) + V_{\text{DL}}^{\sigma\sigma}(\text{ce-pw}) + V_{\text{Br}}(\text{ce-pw}) \tag{6-33}$$

根据前面结果可知,当注入水的矿化度逐步上升时,有利于抑制黏土矿物的膨胀、分散和运移。但如果注入水矿化度调整上升幅度过大,反而会导致一部分黏土颗粒的分散或从孔壁上脱落。

(3) 设孔隙表面为不定表面边界条件。

实际上,在许多情况下,由于离子交换电化学平衡速度不能快到足以保持孔隙表面为恒表面电势,同时由于孔隙表面电荷主要来自吸附定势离子,因此常伴随着电解质强度的改变,孔隙表面的电荷密度也将发生变化。也就是说,许多情况下孔隙表面为不定表面边界条件。pH 越低,表面电势对电解质的依赖性越小;电解质浓度越低,表面电荷密度随电解质强度改变而变化的幅度越大。因此,除骨架种类以外,可初步认为:在 pH 越低的情况下,表面电势随电解质的改变将小于表面电荷随电解质强度的改变;在电解质浓度较低的情况下,表面电荷随电解质强度的改变小于表面电势随电解质强度的改变;当电解质浓度较高时,表面电势随电解质浓度的改变将小于表面电荷随电解质强度的改变。

① 如果 $\dfrac{\partial \psi(K)}{\partial K} \gg \dfrac{\partial \sigma^*(K)}{\partial K}$,其中,$\psi$ 为表面电势,σ^* 为表面无因次电荷,那么表面间的作用势能近似由恒电荷表面所确定。

② 如果 $\dfrac{\partial \psi(K)}{\partial K} \ll \dfrac{\partial \sigma^*(K)}{\partial K}$,那么表面间作用势能可近似由恒电势表面来确定。

③ 如果 $\frac{\partial \psi(K)}{\partial K} \sim \frac{\partial \sigma^*(K)}{\partial K}$,而且变化都比较大,那么此时孔隙内的黏土矿物的分散和运移特征既有①所述的规律,又有②所述的特点。这时对水质的控制必须既满足①又满足②。

确定颗粒及孔隙表面的定解边界条件是非常困难的。但是如前所述,如果采用的定解条件不同,则预测出的颗粒分散运移特征与水质控制之间的关系存在本质上的差异,笔者对此问题进行了一些初步的探索。

2)非黏土矿物颗粒的分散与运移规律

如前所述,在砂岩储层的注水工艺中,由于颗粒分散运移造成的地层损害不仅源自孔隙的黏土矿物,研究发现云母、石英、长石、赤铁矿等矿物氧化物在适当条件下也会发生分散和运移,同时注入水中的铁锈、黏土矿物及其他金属氧化物等颗粒也可能由于水质不当或管道腐蚀而进入地层。另外,酸化改造后的残余物、基质溶解释放的颗粒在后来注水过程中也可能随流体一起运移并堵塞孔隙,因此对非黏土矿物颗粒分散运移特征的本质的认识也十分重要。下面论讨论这些非黏土颗粒分散和运移与水质调整之间的关系。

假设上述非黏土矿物颗粒中恒电荷边界条件和恒表面电势边界条件的颗粒分别为$\{P_\sigma\}$和$\{P_\psi\}$。由于$\{P_\sigma\}$在孔隙中的分散与运移同水质调整的关系与黏土颗粒基本相同,故这里只需讨论$\{P_\psi\}$颗粒。$\{P_\psi\}$微粒在孔隙内的分散、沉积和运移主要受$V_\mathrm{T}(P_\psi\text{-}clay)$和$V_\mathrm{T}(P_\psi\text{-}pore)$两个力学体系控制。

(1)孔隙表面为恒电荷表面条件。

如果孔隙表面为恒电荷表面,那么控制颗粒分散、沉积和运移的表面间势能为:

$$V_\mathrm{T}^{\sigma\psi}(P_\psi\text{-}clay) = V_\mathrm{Ads}(P_\psi\text{-}clay) + V_\mathrm{Br}(P_\psi\text{-}clay) + V_\mathrm{DL}^{\sigma\psi}(P_\psi\text{-}clay) \tag{6-34}$$

$$V_\mathrm{T}^{\sigma\psi}(P_\psi\text{-}pore) = V_\mathrm{Ads}(P_\psi\text{-}pore) + V_\mathrm{Br}(P_\psi\text{-}pore) + V_\mathrm{DL}^{\sigma\psi}(P_\psi\text{-}pore) \tag{6-35}$$

此时增加注入水的矿化度有利于稳定孔隙内固有颗粒,但却会加剧悬浮在注入水中颗粒的沉积和堵塞,因此在这种条件下注入水的精细过滤非常重要。

(2)孔隙表面为恒电势边界条件。

此时控制和影响颗粒分散与运移同水质调整之间的关系体系为:

$$V_\mathrm{T}^{\sigma\psi}(P_\psi\text{-}clay) = V_\mathrm{Ads}(P_\psi\text{-}clay) + V_\mathrm{DL}^{\sigma\psi}(P_\psi\text{-}clay) \tag{6-36}$$

$$V_\mathrm{T}^{\sigma\psi}(P_\psi\text{-}pore) = V_\mathrm{Ads}(P_\psi\text{-}pore) + V_\mathrm{DL}^{\sigma\psi}(P_\psi\text{-}pore) \tag{6-37}$$

在这种情况下,增加注入水矿化度有利于颗粒$\{P_\psi\}$直接从孔壁上分散脱落,不利于外来$\{P_\psi\}$颗粒的沉积。控制$\{P_\psi\}$颗粒的分散和运移不能仅靠矿化度的调整。注入水酸碱度控制并辅以稳定剂,同时对注入水精细过滤以除去能引起地层伤害的悬浮颗粒,是此时维持注水井吸水能力、防止$\{P_\psi\}$颗粒分散、运移、堵塞的方法。

3. 总体规律认识

根据对 QD 构造储层岩相学的分析可知,QD 构造储层主要有 J_2q,J_2s,J_2x 和 J_1s 层,孔隙骨架主要是岩屑、石英、长石、泥质胶结,混质胶结物中黏土矿物的成分主要为高岭石、伊利石、伊/蒙混层、绿泥石,同时可见褐铁矿、绿帘石、黄铁矿,有机质胶结类型主要有孔隙-薄膜式、接触-孔隙式、接触-薄膜式、孔隙-接触式、接触式、基底式和孔隙式。岩屑成分以喷出岩为主,其次为石英岩、泥岩、片岩、花岗岩、混合岩、粉砂岩。因此,在注水开发过程中,加之管线中的铁锈等物质进入地层,注入水-地层骨架-地层流体构成一个复杂的体系。根据前述结果,注入水水质控制要注意以下几个方面:

(1) 不同表面电荷特征的颗粒,其分散、沉积和运移规律与水质调整之间的关系有着本质上的差别。

(2) 由于储层孔隙内除敏感性黏土矿物外还存在一些可移性非黏土矿物,因此不仅注入水的矿化度突然下降时会导致黏土矿物的膨胀、分散和颗粒运移,而且注入水的矿化度猛然升高幅度过大时也可能导致另一类颗粒的分散与运移,因此注入水水质调整必须采用缓冲式。

(3) 由于孔隙中有的部分表面为恒电势条件,因此可适当控制注入水的酸碱度,并逐步提高注入水的矿化度(但不能过猛),以利于防止黏土矿物的膨胀、分散和运移。但是对于孔隙表面,先前的非黏土颗粒则由于矿化度的提高更有利于从孔壁上脱落,可通过酸碱度控制并辅以稳定剂,同时精细过滤注入水除去能引起伤害的悬浮颗粒来防止颗粒的分散运移。

(4) 由于孔隙中有的部分表面为恒电荷条件,当注入水的矿化度逐步上升时,有利于对黏土矿物的膨胀、分散和颗粒运移的抑制;但如果注入水矿化度调整上升幅度过大,反而会导致一部分黏土颗粒的分散或从孔壁上脱落。同时,增加矿化度有利于稳定孔隙内先前固有的可移性非黏土颗粒,但会加剧悬浮在注入水中颗粒的沉积和对孔隙的堵塞,因此在这种条件下必须加强注入水的精细过滤。

6.3.3 储层损害的温度敏感性研究

吐哈油田的储层分布在 J_2q, J_2s, J_2x 和 J_1s 等层位,是一个多层系储层系统,储层深度差异大,储层岩石物性和温度差异也比较大,因此,弄清储层损害的温度敏感性,对于进一步了解吐哈油田多套层系储层损害微观机理,并由此采取切实可行的保护措施具有十分重要的现实意义。

长期以来,国内外许多学者和技术人员逐步发现,像水敏、速敏等敏感性一样,储层岩石在注采过程中地层损害对温度也具有明显的敏感性,但遗憾的是,对于温度敏感性的机理研究一直较少。笔者利用渗流力学、胶体化学、热力学和岩石力学等基本原理比较全面地分析研究了这一问题,从而对吐哈油田地层损害机理有了更进一步的认识。

1. 温度对储层原始渗透率的影响

设 K_{T_1} 为储层原始渗透率($10^{-3}\mu m^2$), β_{gv} 为岩石骨架体积热膨胀系数,β_{gl} 为岩石骨架线性膨胀系数,ϕ 为岩石孔隙度,d_p 为骨架颗粒平均尺寸(mm),L_p 为平均孔隙长度(mm),L_{rev} 为单元体长度(mm),则有:

$$\left(\frac{L_p}{L_{rev}}\right)_T = \left(\frac{L_p}{L_{rev}}\right)_{T_1} \exp[\beta_{gl}(T-T_0)] \tag{6-38}$$

$$\beta_\phi = -\frac{1-\phi}{\phi}\beta_{gv} \tag{6-39}$$

$$\phi_T = \phi_{T_1} \exp\left[-\frac{1-\phi}{\phi}\beta_{gv}(T-T_0)\right] \tag{6-40}$$

$$(1-\phi)_T = (1-\phi)_{T_1} \exp[\beta_{gv}(T-T_0)] \tag{6-41}$$

其中：

$$\bar{\phi} = \frac{\int_{T_1}^{T} \phi \, dT}{T - T_0} \tag{6-42}$$

式中　β_ϕ——孔隙线性膨胀系数；

　　　T——任意给定温度；

　　　T_0——系统初始温度；

　　　T_1——某一设定温度。

由 Carman-Kozeny 方程得到：

$$K_T = \frac{d_p^2 \phi^3}{72\tau(1-\phi)^2} = \frac{d_p^2 \phi^3}{72(L_p/L_{rev})(1-\phi)^2} \tag{6-43}$$

$$\tau = \frac{L_p}{L_{rev}}$$

式中　K_T——温度 T 时的储层渗透率，$10^{-3}\,\mu m^2$。

因此，由温度引起骨架变形造成的渗透率改变可由下式进行描述：

$$\frac{K_T}{K_{T_1}} = \exp\left[-\frac{3-\bar{\phi}}{\bar{\phi}}\beta_{gv}(T - T_0)\right] \tag{6-44}$$

根据 Part 等的研究结果，砂岩和碳酸岩地层骨架体积热膨胀系数见表 6-14。

表 6-14　砂岩和碳酸盐岩地层骨架体积热膨胀系数

$T/℃$	砂岩骨架		碳酸盐岩骨架	
	膨胀率/%	β_{gv}	膨胀率/%	β_{gv}
20	0	—	—	—
100	0.003 6	4.09×10^{-5}	0.001 05	1.31×10^{-5}
200	0.007 8	4.32×10^{-5}	0.002 85	1.58×10^{-5}
300	0.018 7	6.62×10^{-5}	0.007 65	2.72×10^{-5}

2. 温度对颗粒分散与沉积速度常数的影响

注水或采油过程中，颗粒的分散与沉积取决于孔隙表面与颗粒表面间的相互作用。在注采过程中，作用于颗粒表面的力主要有范德华力 F_{vw}、双电层力 F_{EL}、水化力 F_H、Born 短程斥力 F_{BR}、水动力 F_{Dr} 等。由胶体力引起的颗粒分散速度可表示为：

$$\frac{d\sigma}{dt} = A\sigma \exp\left(\frac{-\Delta E}{KT}\right) \tag{6-45}$$

式中　K——Deby 双电层厚度倒数；

　　　$A, \Delta E$——与储层有关的常数；

　　　T——绝对温度。

由水动力引起的颗粒分散速度可表示为：

$$\frac{d\sigma}{dt} = -K_h \sigma(v - v_c) \tag{6-46}$$

式中 K_h——水动力比例常数；

v, v_c——流体运移速度和临界流速。

于是由胶体和水动力作用共同引起的颗粒分散速度为：

$$\frac{d\sigma}{dt} = A\sigma\exp\left(\frac{-\Delta E}{KT}\right) - K_h \sigma(v - v_c) = \left[A\exp\left(\frac{-\Delta E}{KT}\right) - K_h(v - v_c)\right]\sigma \tag{6-47}$$

因此，对于先前存在于孔隙内的颗粒，当单相流体流动时，随着温度的升高，分散速率加强。

3. 两相驱替过程中温度对颗粒随机分散运移的影响

图 6-18 为油水驱替的几种典型情况，此时颗粒分散运移的主要影响因素包括颗粒从非流动相向流动相的内部迁移、润湿相和非润湿相之间的表面张力、颗粒和孔隙表面的润湿性以及孔隙喉道的毛细管压力，这 4 个主要控制因素都直接或间接地受到系统温度的影响。

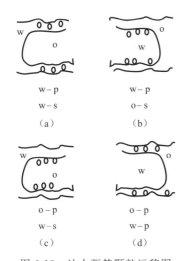

图 6-18 油水驱替颗粒运移图

w—水相；o—油相；p—颗粒；s—固体表面

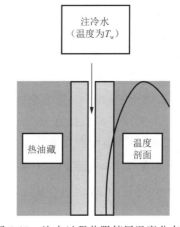

图 6-19 注水过程井眼储层温度分布图

1）颗粒的内部迁移

为明确起见，设两相驱替为图 6-19 所示的情况，那么先前静止的颗粒要分散运移，必须水相流动或者颗粒穿过油水界面膜迁移到移动的油相内部与其同时向前运移。而先前运移的颗粒要在孔隙表面沉积下来，也必须穿过油水界面而与孔隙表面接触。根据 Ku-Henry 理论，颗粒的内部迁移速率 R_i 可表示为：

$$R_i = \frac{6r_p \phi}{\lambda_i r_i(\phi + 1)} X_i \quad (i = w, o) \tag{6-48}$$

式中 ϕ——孔隙度；

r_p——孔隙半径；

λ_i——颗粒由润湿相向非润湿相界面接近形成真正的接触角所需的诱导时间；

r_i——水相或油相厚度；

X——颗粒形状系数。

当 $i=w$ 时表示水湿颗粒由水相向油相迁移，当 $i=o$ 时表示油湿颗粒由油相向水相迁移。

其中，λ_i 的值主要取决于界面膜的黏度、表面张力和两个膜表面的双电层特性。显然，黏度是温度的敏感性函数，油水黏度都随温度升高而急剧下降，界面张力随温度升高而呈线性下降。随着温度的升高，颗粒的内部迁移能力大大加强，从而增强颗粒分散和迁移的能力。

2) 温度、润湿性及储层损害的关系

储层孔隙表面和颗粒的润湿特征对颗粒引起的储层损害具有非常重要的影响。当孔隙表面和颗粒表面具有相近的润湿特性时，颗粒分散运移较少；当孔隙表面和颗粒表面的润湿特性截然相反时，则以颗粒在孔喉处的桥塞为主；当颗粒表面处于中性润湿性时，不论孔隙表面的润湿特性如何，颗粒分散运移进而造成储层损害的程度最大。

大量研究表明，当温度升高时，储层岩心的残余油饱和度降低，残余水饱和度增加，油的相对渗透率增大，而水的相对渗透率降低。也就是说，随着温度的升高，储层岩石更趋于强亲水。同样，如果在地层孔隙或注入液体中存在油润湿微小颗粒，那么随着温度的升高，这些微粒颗粒也将向强亲水转换。在这种转换过程中，必然要经过中性润湿的状态，这时颗粒引起的储层损害将非常严重。同理当温度降低时，孔隙表面和颗粒表面则向水润湿转变。注水开发时，如果注入水的温度相对油层较低，就会使部分水润湿的颗粒向中性润湿转化。总之，在温度突变前沿，将形成颗粒分散运移造成地层损害最严重的中性润湿状态，这在注水开发和热采中经常遇到。对于吐哈油田来说，在注水开发时期，冬季注水作业时注入水温度常为 4~5 ℃，而储层温度高达 100~300 ℃，于是容易遇到这个问题，因此应根据实际情况采取积极的预防措施，而在夏季注水作业时就相对好得多。

3) 温度、毛管压力与地层损害的关系

由 Leverett 理论，孔隙内毛管压力 p_c 为：

$$p_c = \frac{2\sigma\cos\theta}{r} \tag{6-49}$$

式中　σ——界面张力；

θ——接触角；

r——毛管半径。

根据前述结果，σ,θ,r 等均受到温度的明显影响，因此温度的变化将引起毛管压力的改变，而毛管压力的改变通常影响油水分布，进而影响颗粒的运移。更为主要的是，毛管压力将影响乳化液滴的表面张力和对孔隙喉道的堵塞程度，温度降低，毛管压力增大，地层的水锁效应增强。因此对于吐哈油田，在冬季注水开发时要密切注意水锁效应。

4) 温度、黏土膨胀性及与地层损害的关系

由于 QD 构造乃至整个吐哈地区，储层岩石中都含有蒙脱石及伊/蒙混层等膨胀性黏土矿物，这些膨胀性黏土矿物遇水将膨胀、分散并引起地层损害。根据 Civan 和 Knapp 等的研究结果，黏土矿物膨胀引起的地层孔隙变化可由下式表示：

$$\frac{\Delta \phi}{\Delta t} = \frac{\lambda S}{\rho_1} \tag{6-50}$$

$$S = (C_0 - C_1) A_s \left(\frac{D}{\pi t}\right)^{\frac{1}{2}} \tag{6-51}$$

$$\lambda = \frac{\xi_1 CE}{C_1} + \xi_2 \tag{6-52}$$

式中 λ——膨胀黏土的体积膨胀系数；

Δt——时间；

S——中间变量；

ρ_1——流体密度；

C_0, C_1——黏土中液体的初始浓度和瞬时浓度；

D——扩散系数；

A_s——黏土与液体的接触面积；

C——膨胀性黏土的浓度；

E——岩石的弹性模量；

C_1——黏土的湿度；

ξ_1, ξ_2——经验常数。

显然，D，E 等参数均会随温度的改变而改变，所以温度的改变将影响黏土矿物膨胀引起的地层损害，而且温度越高，损害越严重。

通过上述理论研究，不难得到 QD 构造储层损害对温度的依赖关系。QD 构造的储集层主要有 4 个层系，即 J_2q，J_2s，J_2x 和 J_1s。随着埋藏深度的增加，分散性黏土矿物含量增加，膨胀性黏土矿物含量减少，储层岩石孔隙度和渗透率减小。因此，根据上述研究结果，注采过程中，不同层系储层的水敏性、速敏性和温度敏感性程度排序为：$J_1s > J_2x > J_2s$。

6.3.4 储层流体与工作液间配伍性研究

如前章所述，QD 构造防止钻井过程中储层损害的最好方法是屏蔽式暂堵技术。室内初步实验表明，采用屏蔽暂堵技术，屏蔽环深度不大于 3 cm，吐哈油田目前所用的射孔弹完全可以穿过屏蔽环。因此再研究滤液与地层流体间的配伍性已意义不大，关键的问题是后续的射孔和注水过程中工作流体与地层流体之间的配伍性。

对于射孔液来说，吐哈油田目前已普遍推广与地层配伍的油基压井液或与地层配伍的盐水基射孔液，加之采取适当的负压射孔工艺，已取得明显的效果。

注水工艺中造成的地层损害是储层深部的损害，因此注入水与地层流体之间的配伍是吐哈油田二次采油的关键：一是地层水与注入水之间的无机结垢；二是油水造成的水锁效应。

1. 水锁效应实验研究

水锁效应实验是按模拟水—油—水的顺序饱和，最后再以油驱水，观察油相有效渗透率变化的过程，以确定在储层孔隙系统中共存水对油相流动的影响。

根据6.3.1的结果,J_2s储层对煤油的临界流速为0.1～2.0 mL/min,为避免由于颗粒运移问题对水锁实验结果的影响,水锁渗透率测试时的注入速度为0.1 mL/min。用J_2s储层不同油组的6块岩样进行了水锁效应测试,实验结果见表6-15。

表6-15 水锁效应实验结果数据表

岩心号	层位	取心号	井深/m	K_∞ /($10^{-3} \mu m$)	K_f /($10^{-3} \mu m$)	K_{10} /($10^{-3} \mu m$)	K_{20}/K_{10}
QD116	J_2s	4(19/23)	2 652.58～2 652.78	42.1	16.92	10.38	0.88
QD117	J_2s	4(19/23)	2 652.58～2 652.78	46.1	18.44	11.66	0.96
QD128	J_2s	3(5/13)	2 647.36～2 647.50	87.6	26.28	22.56	0.97
QD129	J_2s	3(5/13)	2 647.36～2 647.50	90.5	27.15	24.30	0.92
QD134	J_2s	2(5/13)	2 564.63～2 564.93	8.7	2.61	1.82	0.71
QD135	J_2s	2(5/13)	2 564.63～2 564.93	9.2	2.76	1.78	0.88

注:K_{10},K_{20}分别为10 PV和20 PV时的渗透率,$10^{-3} \mu m^2$。

可以看出:

(1) J_2s储层存在一定程度的水锁效应,主要原因是岩心为中性亲水性的,加之储层孔隙连通性和物性较差,孔隙内存在黏土内衬,内衬的晶间孔隙内充满水(束缚水),因此颗粒表面实际上分布着一个水环。油驱水时,随着油饱和度的增加,油占据大孔隙,而微细孔隙内仍为水所占据;接着水驱油,水在孔隙中呈迂回状分布,残余油呈孤滴状分布;再以油驱水,驱替结果是油仍然占据大孔隙,而更多的微细孔喉道被水占据,多了一部分被死油圈闭的水(呈共存水状态),这些水不能流动,形成水锁,增加油流阻力,降低了油的渗透率。

(2) 渗透率越低,水锁效应越大。由于J_2x储层比J_2s和J_1s储层岩石致密得多,因此可以推断,J_2x以及J_1s的水锁效应比J_2s层要大。

(3) 根据J_2s,J_2x和J_1s的压汞曲线分析和渗透率参数发现,储层的孔喉尺寸并不小,岩心的渗透率却不高,这表明孔隙间连通较差,十分有利于形成死油块,进而影响油的有效渗透率。

因此,对于QD构造,在射孔、压裂等作业过程中,应尽可能采用油基工作液,以防水敏和水锁效应。如用与地层配伍的盐水基工作液,则要配以适当的表面活性剂。

2. 无机结垢趋势定量预测方法与计算

在油田注水开发中,由于压力、温度等条件发生变化,常常产生无机结垢。无机垢通常沉积在地层基岩、地层裂缝、井筒、井下泵、油管、套管、出油管、热处理器以及盐水处理器和注水系统中。结垢严重时,可堵塞地层基岩或裂缝、炮眼、井筒或生产装置,从而阻碍油气生产,并造成一系列生产事故,使作业费用增加,生产效益降低,生产设备和仪器的故障还将导致安全上的难题。

QD构造注水时最常见的结垢是$CaCO_3$和$CaSO_4 \cdot 2H_2O$,同时也可能产生$BaSO_4$和$NaCl$结垢。无水$CaSO_4$通常不会在井下沉积,但可以沉积在锅炉和热处理器中。

第6章 多套压力系统储层潜在伤害与敏感性评价

无机结垢趋势的预测越来越受到各油田的重视。笔者应用溶度积规则和离子缔合理论,提出了预测油田无机结垢趋势的饱和度指数法,并根据 Essel,Carlder,Weintrit,Oddo 和 Tomson 等的实测结果,采用多元非线性回归技术,得到了方便实用的定量关系,进而研制了计算机软件系统 CSPIS。初步检验表明,该方法的准确性可信,计算机软件方便实用。

1) 溶度积规则

在一定的温度、压力下,难溶电解质 $A_mB_n(s)$ 在溶液中有如下化学平衡:

$$A_mB_n(s) \rightleftharpoons mA^{n+}(aq) + nB^{m-}(aq) \tag{6-53}$$

平衡常数 K_{sp} 为:

$$K_{sp} = [A^{n+}]^m \cdot [B^{m-}]^n \tag{6-54}$$

对于难溶电解质溶液,有如下结垢趋势判定条件:

(1) $[A^{n+}]^m \cdot [B^{m-}]^n < K_{sp}$,不结垢或原有垢继续溶解;
(2) $[A^{n+}]^m \cdot [B^{m-}]^n = K_{sp}$,饱和,不结垢;
(3) $[A^{n+}]^m \cdot [B^{m-}]^n > K_{sp}$,结垢,直到等式不成立为止。

2) 离子缔合理论

根据 Bjerrum 原理,两个不同电荷的离子彼此接近到某一距离时,它们之间的库仑力大于热运动作用力,形成缔合新单元,这种新单元有足够的稳定性。缔合平衡为:

$$mM^{n+} + nX^{m-} \rightleftharpoons M_mX_n^0 \tag{6-55}$$

其中,$M_mX_n^0$ 为缔合体,呈中性。缔合常数 K_{st} 为:

$$K_{st} = \frac{[M_mX_n^0]}{[M^{n+}]^m[X^{m-}]^n} \tag{6-56}$$

油田产出水中,由于高矿化度及高离子强度,因此普遍存在缔合现象。常见的二价盐缔合平衡有:

$$Ca^{2+} + SO_4^{2-} \rightleftharpoons CaSO_4^0$$
$$Mg^{2+} + SO_4^{2-} \rightleftharpoons MgSO_4^0$$
$$Ba^{2+} + SO_4^{2-} \rightleftharpoons BaSO_4^0$$
$$Sr^{2+} + SO_4^{2-} \rightleftharpoons SrSO_4^0$$

所以硫酸根总浓度 $[SO_4^{2-}]_总$ 为:

$$[SO_4^{2-}]_总 = [CaSO_4^0] + [BaSO_4^0] + [MgSO_4^0] + [SrSO_4^0] + [SO_4^{2-}] \tag{6-57}$$

油田产出水中的缔合常数为:

$$K_{st} = \frac{[CaSO_4^0] + [BaSO_4^0] + [MgSO_4^0] + [SrSO_4^0]}{\{[Ca^{2+}] + [Mg^{2+}] + [Sr^{2+}] + [Ba^{2+}]\} \cdot [SO_4^{2-}]} \tag{6-58}$$

3) 油田水饱和度指数

在预测油田水结垢趋势时,饱和度指数 I_s 是一个重要的指标。根据化学反应动力学基本原理,有下列等式成立:

$$F_g = \frac{[M_e][A_n]}{K_{sp}} \tag{6-59}$$

$$I_s = \lg \frac{[M_e][A_n]}{K_{sp}(T_s p_s S_i)} \tag{6-60}$$

式中 F_g——溶度积指数;

　　　$[A_n]$——阳离子浓度,mol/L;

　　　$[M_e]$——阴离子浓度,mol/L;

　　　T_s——温度,K;

　　　p_s——压力,MPa;

　　　S_i——第 i 组分离子强度。

(1) $I_s=0$ 时,溶液处于固液平衡状态,无结垢趋势;

(2) $I_s>0$ 时,溶液处于过饱和状态,有结垢趋势;

(3) $I_s<0$ 时,溶液处于欠饱和状态,非结垢条件。

由 Y.D. Yenoah 等的研究结果可知,$SrSO_4$,$BaSO_4$ 和 $CaCO_3$ 的临界饱和度指数一般分别为 0.8,0.1 和 1.1,而当油田温度、压力特别高时,需考虑温度、压力对临界饱和度的影响,要以实测值为准。

4) $CaCO_3$ 结垢趋势预测

(1) 结垢趋势预测。

由 $CaCO_3$ 结垢的特点,$CaCO_3$ 结垢可以用饱和度指数法进行预测。采用前述理论,得到 $CaCO_3$ 结垢的饱和度指数 I_s 的计算方程为:

$$I_s = \lg\frac{[Ca^{2+}][HCO_3^-]}{p Y_g^{CO_2} j_g^{CO_2}} + \lg\left(\frac{K_2}{K_{sp}K_1 K_{aq}^{CO_2}}\right)(T_s p_s S_i) \tag{6-61}$$

$$PK_1 = 6.36 - 1.242\times10^{-3}T + 25.73\times10^{-6}T^2 - 5.12\times10^{-3}p - 1.067(S_i)^{\frac{1}{2}} + 0.599 S_i \tag{6-62}$$

$$PK_2 = 10.55 - 8.04\times10^{-3}T + 36.58\times10^{-6}T^2 - 5.18\times10^{-3}p - 1.332(S_i)^{\frac{1}{2}} + 0.496 S_i \tag{6-63}$$

$$PK_{sp} = 7.8 - 7.07\times10^{-3}T + 38.56\times10^{-3}T^2 - 9.57\times10^{-3}p - 3.68(S_i)^{\frac{1}{2}} + 1.27 S_i \tag{6-64}$$

$$PK_{aq}^{CO_2} = 2.41 - 10.54\times10^{-3}T + 33.02\times10^{-6}T^2 - 1.87\times10^{-3}p + 0.077(S_i)^{\frac{1}{2}} + 0.059 S_i \tag{6-65}$$

因此有:

$$I_s = \lg\frac{[Ca^{2+}][HCO_3^-]}{p Y_g^{CO_2} j_g^{CO_2}} + 6.03 + 10.27\times10^{-3}T - 5.314\times10^{-6}T^2 - 7.64\times10^{-3}p - 3.334\sqrt{S_i} + 1.431 S_i \tag{6-66}$$

式中 $j_g^{CO_2}$,$Y_g^{CO_2}$,S_i——CO_2 的有效压力系数、CO_2 的摩尔分数和第 i 组分离子强度;

　　　K_1,K_2——第一、第二种物质的溶解度;

　　　$K_{aq}^{CO_2}$——CO_2 在水中的溶解度;

　　　T——温度;

　　　p——体系压力。

为了简便起见,在实际应用 I_s 方程时,一般把井底生产区域的 I_s 定为基准值,先计算 I_s 的增量 ΔI_s,然后加上基值即得到实际 I_s。ΔI_s 计算如下:

$$\Delta I_{\mathrm{s}} = \lg \frac{p_1 (Y_{\mathrm{g}}^{\mathrm{CO}_2})_1 (f_{\mathrm{g}}^{\mathrm{CO}_2})_1}{p_2 (Y_{\mathrm{g}}^{\mathrm{CO}_2})_2 (f_{\mathrm{g}}^{\mathrm{CO}_2})_2} + 27.15 \times 10^{-3} \Delta T - 5.3 \Delta T^2 - 7.64 \times 10^{-3} \Delta p \tag{6-67}$$

无气相时可简化为：

$$\Delta I_{\mathrm{s}} = 14.64 \times 10^{-3} \Delta T - 27.7 \times 10^{-6} \Delta T^2 - 9.51 \times 10^{-3} \Delta T \tag{6-68}$$

由此略去了测量$[Ca^{2+}]$，$[HCO_3^-]$及计算S_i的麻烦。

(2) $CaCO_3$最大沉淀量预测。

$CaCO_3$最大沉淀量预测对于挤注防垢剂的数量、浓度及其他防垢与垢处理措施非常重要，同时也可对地层进行酸化解堵的施工给出定量指标。

设m_1,m_2分别为二价盐正、负离子的初始浓度(mol/L)，W为最大沉淀量(mol/L)，可以推得：

$$W = \frac{m_1 + m_2 - [(m_1 - m_2)^2 + 4K_{\mathrm{sp}}]^{\frac{1}{2}}}{2} \tag{6-69}$$

由注入井的流量、注入时间等可以计算W随时间的变化，为预防与处理工程决策提供依据。

5) 硫酸盐结垢趋势预测

采用饱和度指数方程，有：

$$I_{\mathrm{s}} = \lg \frac{[A_n][M_e]}{K_{\mathrm{sp}}} \tag{6-70}$$

式中　$[A_n]$——Sr^{2+}，Ba^{2+}，Ca^{2+}等离子浓度，mol/L；

　　　$[M_e]$——SO_4^{2-}浓度，mol/L。

因此，对于不同的硫酸盐结垢，除测定正负离子浓度外，还需确定不同硫酸盐结垢的K_{sp}。

(1) $SrSO_4$平衡常数。

$$PK_{\mathrm{sp}} = \frac{X}{R} \tag{6-71}$$

$$X = \frac{1}{T} \tag{6-72}$$

$$R = A + BX + C\sqrt{S_i} + DS_i + Ep^2 + FXp + G\sqrt{S_i}p \tag{6-73}$$

当$T = 38 \sim 149\ ℃$，$S_i = 0 \sim 3.45\ M$；当$p = 0.69 \sim 20.69\ MPa$时，$A = 0.266 \times 10^{-3}$，$B = 244.83 \times 10^{-3}$，$C = -0.19 \times 10^{-3}$，$D = 53.543 \times 10^{-6}$，$E = -2.91 \times 10^{-8}$，$F = 1.6 \times 10^{-6}$，$G = -7.38 \times 10^{-8}$。

$$PK_{\mathrm{sp}} = -(6.18 + 4.33 \times 10^{-3})T + 20.736 \times 10^{-6} T^2 - 6.67 \times 10^{-3} p - 1.95\sqrt{S_i} + 0.67 S_i - 3.42 \times 10^{-3} \sqrt{S_i} T \tag{6-74}$$

(2) $BaSO_4$平衡常数。

$$PK_{\mathrm{sp}} = 9.88 - 8.48 \times 10^{-3} T + 4.53 \times 10^{-6} T^2 - 6.96 \times 10^{-3} p - 2.684\sqrt{S_i} + 0.37 S_i - 3.6 \times 10^{-3} T\sqrt{S_i} \tag{6-75}$$

(3) $CaSO_4$ 平衡常数。

$$PK_{sp} = 3.99 + 3.52 \times 10^{-3}T + 8.1 \times 10^{-6}T^2 - 8.56 \times 10^{-3}p -$$
$$1.19\sqrt{S_i} + 0.37S_i - 3.6 \times 10^{-3}\sqrt{S_i}p \tag{6-76}$$

(4) $CaSO_4$ 半水化合物平衡常数。

$$PK_{sp} = 3.99 - 2.05 \times 10^{-3}T + 38.56 \times 10^{-6}T^2 - 10 \times 10^{-3}p -$$
$$1.68\sqrt{S_i} + 0.49S_i - 1.19 \times 10^{-3}\sqrt{S_i}T \tag{6-77}$$

(5) 硬石膏（$CaSO_4$）平衡常数：

$$PK_{sp} = 2.84 - 17.85 \times 10^{-3}T - 3.14 \times 10^{-6}T^2 - 4.45 \times 10^{-3}p -$$
$$1.20\sqrt{S_i} + 0.50S_i - 5.94 \times 10^{-3}\sqrt{S_i}T \tag{6-78}$$

6）硫酸盐沉淀量预测

$$K_{sp} = \left[(m_i - \Delta m_i)(X - \sum_{i=1}^{3}\Delta m_i)\right]^{1/2} \quad (i = 1, 2, 3) \tag{6-79}$$

式中 X——SO_4^{2-} 的初始浓度，mol/L；

m_i——Sr^{2+}（$i=1$）、Ba^{2+}（$i=2$）、Ca^{2+}（$i=3$）的初始浓度，mol/L；

Δm_i——Sr^{2+}，Ba^{2+} 或 Ca^{2+} 对应的沉积量，mol/L。

分别把 Sr^{2+}，Ba^{2+}，Ca^{2+} 的初始浓度和对应的 K_{sp} 代入，得到一个有三个未知量（Δm_1，Δm_2，Δm_3）的非线性代数方程组，求解即可得到对应的沉淀量。

7）无机结垢预测计算机软件研制

为了现场使用方便，开发了预测注水过程中无机结垢的计算机软件系统（CSPIS）。

（1）软件功能。

只要用户输入地层水和注入水的正负离子浓度、地层温度、注入压力，CSPIS 系统就可以很快给出结垢趋势判断和最大沉淀量。

（2）CSPIS 系统整体结构。

CSPIS 系统由 Fortran77 语言采用模块化方法编制而成，整体结构如图 6-20 所示。

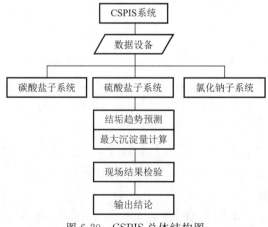

图 6-20 CSPIS 总体结构图

8) 应用实例

研究开展时 QD 构造还未投入开发,只有地层水的成分分析数据,而没有注入水方面的资料及注采等参数。为了检验该模型的准确性和软件系统的实用性,采用 Essel、Carlder、Cowan、Weintritt、Oddo 和 Tomson 公开发表文献上的资料进行预测,并将预测的结垢数据与油田实际观测结果对比,如表 6-16、表 6-17 和图 6-21～图 6-28 所示。应用显示预测结果比较符合实际,软件使用十分方便。当然,无论是预测方法还是软件系统 CSPIS,都还需进一步在实践中检验、修改和完善。

表 6-16　水分析及无机盐结垢预测　　　　　　　　　　　　单位:mg/L

名称 成分	$CaSO_4$		$SrSO_4$		$CaCO_3$	
	地层水	注入水	地层水	注入水	地层水	注入水
Na^+	—	—	25 867	17 133	27 940	14 267
K^+	—	—	906	660	1 061	570
Ca^{2+}	—	—	6 143	4 770	9 132	3 955
Mg^{2+}	—	—	1 320	926	1 142	887
Ba^{2+}	—	—	1.3	0.6	4.9	1.2
Sr^{2+}	—	—	278	191	483	162
HCO_3^-	—	—	644	592	522	461
Cl^-	—	—	53 333	36 500	61 880	30 783
SO_4^{2-}	—	—	89 665	61 777	528	682
组成/%*	50	50	50	50	3	97
压力/MPa	—	—	20.79		2.586	1.62
温度/℃	—	—	104.44		54.44	85.56
饱和度指数	−0.8	−0.7	−0.6	−0.036	−0.5	0.098
最大沉淀量 /(mol·L^{-1})	0	0	0	0	0	0.003 26
油田观测	不结垢	不结垢	不结垢	不结垢	不结垢	结垢

注:* 表示盐水的混合比。

表 6-17　水分析及硫酸盐结垢预测　　　　　　　　　　　　单位:mg/L

名称 成分	$SrSO_4$ 结垢预测		$CaSO_4$ 结垢预测		$BaSO_4$ 结垢预测	
	油田 A		油田 B		油田 C	
	地层水	注入水	地层水	注入水	地层水	注入水
Na^+	43 700	13 700	25 190	42 800	8 400	10 680
K^+	—	—	—	—	159	396
Ca^{2+}	7 920	576	19 200	1 760	150	400

续表

名 称	SrSO$_4$ 结垢预测		CaSO$_4$ 结垢预测		BaSO$_4$ 结垢预测	
成 分	油田 A		油田 B		油田 C	
	地层水	注入水	地层水	注入水	地层水	注入水
Mg^{2+}	2 010	1 670	2 544	1 224	25	1 276
Ba^{2+}	13	0	—	—	20	0.022
Sr^{2+}	610	0	—	—	44	7.9
HCO$_3^-$	244	159	430	140	1 418	141
Cl$^-$	86 900	24 500	170 000	65 000	12 555	19 193
SO$_4^{2-}$	340	3 400	3 300	10 500	14	2 689
组成/%	40	60	3	97	50	50
压力/MPa	20.79		2.86		29.63	
温度/℃	104.44		22.73		104.44	
饱和度指数	0.4		0.22		1.45	
最大沉淀量/(mol·L^{-1})	0.002 7		0.001 8		0.000 9	
油田观测	结 垢		结 垢		结 垢	

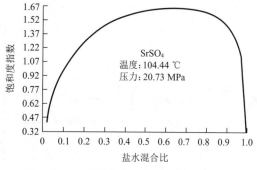

图 6-21 盐水混合比对饱和度指数的影响

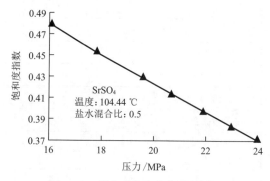

图 6-22 压力对饱和度指数的影响

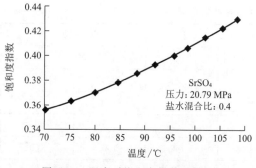

图 6-23 温度对饱和度指数的影响

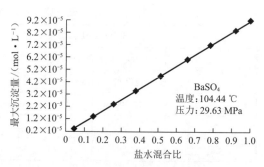

图 6-24 盐水混合比对最大沉淀量的影响

第6章 多套压力系统储层潜在伤害与敏感性评价

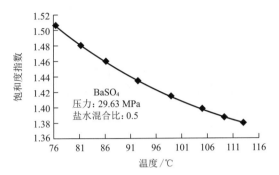

图 6-25 温度对饱和度指数的影响

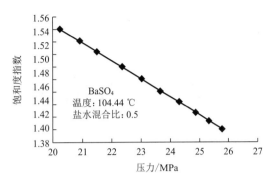

图 6-26 压力对饱和度指数的影响

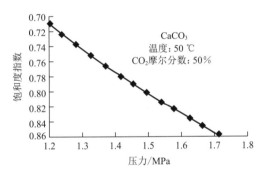

图 6-27 压力对饱和度指数的影响

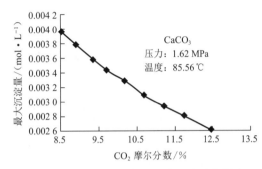

图 6-28 CO_2 摩尔分数对最大沉淀量的影响

第7章 多套压力系统储层伤害预防与处理技术

7.1 强抑制性钻井液体系研制

井下泥页岩的破坏状况不仅与泥页岩的水敏特性和钻井措施有关,还与泥页岩在井下所受应力的状况有关。在应力作用下(上覆地层压力和水平地层应力),泥页岩可能表现出塑性蠕动缩径或脆性剥落扩径等失稳形式,从而产生严重的井眼失稳问题。因此,在研究泥页岩井眼失稳原因和寻求解决方法时,还必须考虑应力对泥页岩水敏性破坏方式的影响。国内外的研究动向及实际应用效果表明,三轴应力防塌实验的研究将是今后井眼稳定技术的一个重要发展方向。

7.1.1 实验方法及仪器配置

泥页岩的水化和所受应力状况是岩心产生形变的根本原因。三轴应力防塌实验方法就是模拟泥页岩在井下所处环境,即在承受液体浸泡和冲蚀的同时给岩样加上轴向及围向等三个方向的压力,以测试岩样的破坏方式和程度。当岩心受到一定限度的三向压力作用时不一定会发生破坏,但在经过流体冲蚀浸泡后,由于水化作用的持续发生,岩心的强度下降,岩心在三向(轴)压力下就会逐渐失去原有的稳定状态而产生形变和破坏。利用仪器上的各类传感器,可以记录岩心的形变过程、变形量和破坏前所经历的时间,也可以通过对实验后岩心的破坏状态进行观察、描述、拍照和扩径测量等获得信息,以便综合评价。

1. 主机

1) 组成

主机包括机壳、三轴应力装置、高压油泵、直流电机、油杯、压力控制系统、电气控制系统和测量仪表等。

2) 功能

(1) 给试件提供三轴应力,给成型机提供压力;

(2) 通过控制系统控制整机动作;

(3) 做各项实验并测定相关数据。

3) 三轴应力防塌装置

三轴应力防塌仪配置如图 7-1 所示。

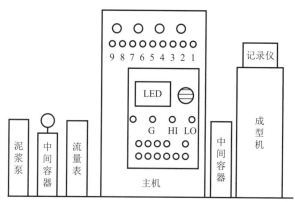

图 7-1　三轴应力防塌仪配置示意图

(1) 三轴应力防塌装置主要技术参数：

最大承载压力：450 kgf/cm^2。

最大工作压力：350 kgf/cm^2。

活塞截面直径：50.8 mm。

活塞最大行程：90 mm。

工作介质：液压油。

(2) 控制仪表组成：应变仪（技术参数详见应变仪说明书），标准压力表 1 只，电接点压力表 3 只。

(3) 压力控制系统最大承载压力：600 kgf/cm^2。

2. 成型机

1) 组成

成型机包括机壳、70 t 油缸、撑架、模具、压力表。

2) 功能

成型机用于制作人工岩心。

3) 油缸主要技术参数

最大承载压力：350 kgf/cm^2。

最大工作压力：300 kgf/cm^2。

活塞截面直径：125 mm。

活塞最大行程：150 mm。

工作介质：液压油。

连续工作时间：24 h。

3. 泥浆泵

1）组成

泥浆泵包括泵体、电机、泥浆罐、电接点压力表。

2）功能

泥浆泵用于循环钻井液或其他实验液体。

3）主要技术参数

额定泵压：10 kgf/cm^2。

工作压力：7～10 kgf/cm^2。

排量：4 m^3/h。

工作介质：钻井液。

配套电机容量：3 000 W。

连续工作时间：24 h。

4. 实验原理

三轴应力防塌仪原理如图 7-2 所示。

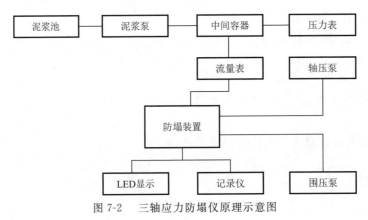

图 7-2　三轴应力防塌仪原理示意图

7.1.2　制样及实验结果评价指标

1. 人工岩心的制作

1）所需仪器、设备及药品

（1）小型粉样机 1 台；

（2）20 目网筛、底盘及上盖各 1 个；

（3）天平 1 架，精度为 0.01 g；

（4）烘箱及干燥瓶；

（5）若干 250 mL 量筒；

(6) 搪瓷杯,500 mL 和 1 000 mL 各 3 个;

(7) 搅拌棒、塑料制药匙各若干;

(8) NaCl,若干。

2) 岩样准备

选取足量的实验用钻屑,在 95~105 ℃下烘干,研磨,过 20 目筛,盛入干燥瓶中备用。

3) 确定每个试样的岩粉质量

岩粉质量计算公式为:

$$W = \pi D^2 RH/4 = 102.91R \tag{7-1}$$

其中　W——岩粉质量,g;

　　　R——岩粉密度,g/cm³;

　　　D——岩心直径,cm;

　　　H——岩心高度,cm。

本机的岩心直径和岩心高度均为 5.08 cm;一般可取 $R=2.5$ g/cm³,则每试样重 257.3 g。

4) 配制 0.03 g/mL 的盐水

配制 0.03 g/mL 的盐水若干,以作为胶合剂。配制方法如下(以 1 000 mL 为例):

(1) 盐量,1 000×0.03=30 g。

(2) 配制,将称好的盐到入盛有 1 000 mL 水的搪瓷杯中,搅拌使之完全溶解。

5) 称岩粉

按式(7-1)计算出的岩粉质量称 3 份,倒入 3 个搪瓷杯中,量出 3 份岩粉质量的 13%的盐水(mL)均匀搅拌润湿即可(即 100 g 岩粉加 13 mL 盐水)。

6) 制作岩心

经压力机压制成岩心后,在 150 ℃下烘 4.5 h,钻直径为 6.0 mm 的孔,并磨平上下面,称重后放入干燥箱中备用。

2. 实验结果评价指标

1) 岩样破坏时间 t

岩样破坏时间是指岩样在加上轴向及围向压力后,从开泵循环钻井液到岩样开始出现明显破坏时为止所经历的时间,即表示岩样在一定条件下达到破坏所需要的时间,单位为 min 或 h。

2) 破坏后岩样的收获率

破坏后岩样的收获率是指实验后(明显破坏时为止)岩样的质量与实验前岩样的质量之比,可以用来衡量岩样受冲蚀及破坏的程度。

3) 岩心的完整性照片

通过拍照,可以反映岩样在实验后的状况。

4)轴向变化量与表头 LED 数据及自动记录仪数据之间的对应关系

(1)轴向变化量 H 与表头 LED 数据 L 的对应关系实测数据见表 7-1。

表 7-1 H-L 关系实测数据

H/mm	44.07	39.33	34.17	30.10	27.74	25.97	22.70	17.47
L	−3.8	0.06	4.37	7.9	9.8	11.2	13.9	18.4

回归处理表 7-1 中数据得到如下关系式:

$$H = 39.46 - 1.2L \tag{7-2}$$

相关系数 $R=0.99996$。

一般 $\Delta L=0.3$ 左右时,岩样即出现明显破坏,此时岩样轴向变化量 $\Delta H=0.36$ mm。

(2)轴向变化量 H 与自动记录仪数据 V 的对应关系。

当 Range 挡为 1 V 时,L 与 V 的对应关系实测数据见表 7-2。

表 7-2 L-V 关系实测数据

L	1.9	1.4	2.7
V	19	14	27

显然,L-V 关系式为:

$$L = 0.1V \tag{7-3}$$

将式(7-3)代入式(7-2)得:

$$H = 39.46 - 0.12V \tag{7-4}$$

一般 $\Delta V=3$ 左右时,岩样即出现明显破坏,此时岩样的轴向变化量 $\Delta H=0.36$ mm。

依据上述两种实验数据及对应关系,实验时可以随时计算出岩样的轴向变化量。

5)基本参数与要求

(1)岩心:$\phi 50.8$ mm×25.4 mm,中间孔直径 6 mm,可以是人造岩心,也可以是天然岩心。

(2)流体:任何一种钻井液。

(3)轴向及围向压力:设备能力上二者都可以加到 250 kg/cm^2,一般轴向压力为 80 kg/cm^2,围向压力为 50 kg/cm^2。

(4)流量:0~16.7 L/min,一般选用 1~7.5 L/min。

7.1.3 实验结果及分析

1. 实验样品

实验时选用如下两种岩样作为实验样品:TAC2 井上部地层 J_3q 岩屑(记作 TAC21)及 TAC2 井下部地层 J_2s 岩屑(记作 TAC22)。

2. 实验用钻井液配方及性能

1) 钻井液配方

XA01 配方:50 g/L 高阳土+3%LFD-2+3%PSC-2+1%SPNH+0.2KPAM+0.4%FA367+0.5%NPAN+FT-1 适量。

XA02 配方:60 g/L 高阳土+0.4%FA367+1%JT900+3%LFD-2+3%PSC-2+0.2%XY-27+FT-1 适量。

XA03 配方:50 g/L 高阳土+5%LFD-2+3%PSC-2+0.5%SPNH+0.2KPAM+0.5%KNPAN+0.5%JT900+0.2%XY-27+FT-1 适量。

2) 钻井液性能

钻井液性能见表 7-3。

表 7-3 用于三轴应力实验的钻井液性能

性能\配方	ρ/(g·cm^{-3})	FV/s	PV/(mPa·s)	YP/Pa	切力 G_{10}^*	切力 G_{10}'	HTHP 滤失量/mL	API 滤失性能 滤失量/mL	pH	K	备注
XA01	1.05	50	27	9	3	10	19.6	5.6	9	1	120 ℃ 测量
XA02	1.06	45	14	8	2	9.5	17.0	5.4	9	2	
XA03	1.05	36	17	6.5	2	5	16.8	5.6	9	1	

注:FV 为漏斗黏度,s;YP 为屈服点压力,Pa。

3. 实验结果及分析

1) 实验结果

表 7-4 为 2 个不同层段的泥页岩样品和 3 种钻井液配方的三轴应力实验结果,图 7-3~图 7-5 为实验后拍的岩心照片。

表 7-4 三轴应力实验结果

序号	岩样代号	流体类型	岩样收获率 实验前质量/g	实验后质量/g	收获率/%	实验破坏时间/min	轴向变化量/mm	照片代号
1	TC22-4	清水	110.8	64.3	58.0	379	0.84	—
2	TC21-4	清水	95.5	65.2	68.3	105	0.57	—
4	TC22-1	XA01	131.0	89.2	68.1	926	0.60	TC22-1
7	TC21-1	XA01	126.8	101.4	80.0	565	0.80	TC21-1
8	TC22-2	XA02	128.3	106.3	82.9	1 150	0.12	TC22-2
10	TC21-2	XA02	117.0	111.5	95.3	840	0.144	TC21-2
12	TC22-3	XA03	116.6	111.8	95.9	1 362	0.012	TC22-3
13	TC21-3	XA03	115.5	114.5	99.1	932	0.012	TC21-3

注:① 实验流量 7.5 L/min;② TC21 轴压 2.5 MPa,围压 2.5 MPa;③ TC22 轴压 3.5~4.0 MPa,围压 2.5 MPa。

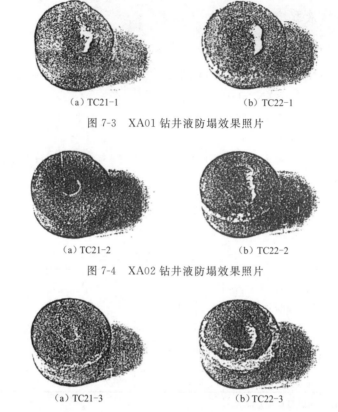

(a) TC21-1　　　　　　(b) TC22-1

图 7-3　XA01 钻井液防塌效果照片

(a) TC21-2　　　　　　(b) TC22-2

图 7-4　XA02 钻井液防塌效果照片

(a) TC21-3　　　　　　(b) TC22-3

图 7-5　XA03 钻井液防塌效果照片

2) 结果分析

在对实验结果进行分析前,先对实验中 TC21 选用的轴向及围向压力进行简要说明。

TC21 样品粉砂质含量较高,样品成型后抗压强度较低,若按正常轴围压施加,样品常遭到破坏,因此将轴向及围向压力均降低,这对于对比钻井液配方优劣的实验来说不会产生影响。另外,为补偿压力低的问题,调高流量,其返速相当于钻铤部位处的环空返速。

从表 7-4 中可以看出,XA03 钻井液的抑制性最好,12 号样实验破坏时间达到近 22.7 h (1 362 min),轴向变化量较小,仅 0.012 mm,收获率为 95.9%;13 号样实验破坏时间为 15.53 h (932 min,因围压泵漏油而停止实验),其轴向变化量为 0.012 mm,收获率高达 99.1%。从照片上也可以看出,12 和 13 号岩心在经过长达 53 h 的实验后几乎毫无变化。相比之下,XA01 钻井液的抑制效果最差,一般不超过 926 min,其轴向变化量也较大,为 0.6~0.8 mm,收获率较低,均小于 80%。XA02 钻井液的抑制效果比 XA03 差,但好于 XA01。

由表 7-3 可知,3 种钻井液的常规性能也有差别,3 者的 pH 相等。XA03 配方的动切力最小,流型也较理想。XA01 滤失量最大,XA03 滤失量最小,XA02 居中,与防塌实验结果呈相同的变化规律,说明滤液进入岩心后引起的破坏可能对本实验具有特别的意义。

两种岩样的差别表现在 TC22 的实验破坏时间一般较长,而 TC21 则较短,特别是经 XA01 和 XA02 钻井液冲洗后,其破坏时间更短,这说明 TC21 岩心(即 J_3q)比 TC22 岩心 (即 J_2s)更容易坍塌,这与钻井实践是吻合的。J_2s 埋深大,强度高,比 J_3q 稳定。

从表 7-4 中实验结果来看，清水实验的破坏时间最高不到 400 min，收获率不到 70%，相比之下，XA01 和 XA02 钻井液均具有极好的防塌性能，可有效防止地层的坍塌，而 3 种基础配方中，XA03 的抑制防塌效果最好，XA02 次之，XA01 最差。这个结论与常规方法的评价结论略有不同，这是应该重视且引起注意的。

7.2 屏蔽暂堵储层伤害防治技术

在设计暂堵剂加量时，两组孔喉尺寸分布完全不同的储层岩心可能具有相同的平均孔喉尺寸。为此，根据加罚的思想和多元分析理论，提出了一种更为精确的设计方法——加罚多元相关分析法。

根据 1/2～2/3 架桥原则，架桥粒子的尺寸为孔喉尺寸的 1/2～2/3，一般为 0.03～0.05 g/mL，加上一般不小于 0.01～0.02 g/mL 的填充粒子和一般不小于 0.01 g/mL 的可变形软粒子，即可获得较好的暂堵效果。实践表明，对于吐哈油田，2/3 原则比较合适。

7.2.1 屏蔽暂堵液中固相粒子尺寸分布定量计算

设已知储层的类型和有效孔喉尺寸分布 $j_p(i)$，根据 2/3 原则，计算暂堵这些孔喉所需固相粒子的尺寸分布 $j_m(i)$ 和对应质量浓度，测定钻井液中固相粒子尺寸分布 $j_m(i)$ 及其对应质量浓度。如果钻井液中的固相粒子能满足暂堵某些尺寸孔喉，那么相应地，对这些孔喉就不用再添加暂堵剂。对于钻井液中的固相粒子不满足 2/3 暂堵原则的，则根据孔喉尺寸分布和钻井液中的固相尺寸分布补充暂堵剂。计算方法如下：

图 7-6 为某储层孔喉尺寸分布直方图。设计从最大一级的孔喉开始，即从尺寸范围 $[d_{n-1},d_n]$ 开始，其分布频率为 $j_p(n)$，也就是说，孔径在 $[d_{n-1},d_n]$ 范围内的孔喉数占全部孔喉数的百分数为 $j_p(n)$，那么在孔喉直径为 $[d_{n-1},d_n]$ 范围内架桥粒子的粒径范围应为 $\left[\dfrac{2}{3}d_{n-1},\dfrac{2}{3}d_n\right]$，质量浓度应为 $C_i \times j_p(n)$（C_i 为第 i 种架桥粒子的质量浓度）。应求出架桥粒子质量浓度之后，再确定填充粒子的级配和质量浓度。

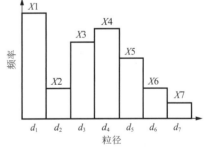

图 7-6 储层孔喉尺寸分布直方图

首先对孔径范围在 $[d_{n-1},d_n]$ 内的孔喉应该进行几级填充：$\dfrac{1}{4},\dfrac{1}{16},\dfrac{1}{64},\cdots,\dfrac{1}{4K(n)}$。其中 $K(n)$ 满足：$\dfrac{1}{4K(n)}\dfrac{d_n+d_{n-1}}{2}$ 不小于软粒子的平均尺寸 $C_p j_p(n)/K(n)$（C_p 为暂堵颗粒质量浓度），分别记对应 $[d_{n-1},d_n]$ 范围的架桥粒子的质量浓度 $C_s(n)$ 和填充粒子的质量浓度 $C_f(n)$ 为：

$$C_s(n)=C_s j_p(n) \tag{7-5}$$

$$C_f(n)=C_f j_p(n)/K(n) \tag{7-6}$$

对应 $[d_{i-1},d_i]$，一般有：

$$C_s(i) = C_s j_p(i) \tag{7-7}$$
$$C_f(i) = C_f j_p(i)/K(i) \tag{7-8}$$

根据式(7-7)和式(7-8),把不同级配的架桥粒子和不同级配的填充粒子进行叠加,可以求出对应该储层屏蔽暂堵液中固相粒子质量浓度分布直方图,如图7-7所示。

把屏蔽暂堵液中固相粒子质量浓度分布直方图与钻井液中固相粒子质量浓度分布直方图逐级比较,如果在某一粒径范围内,屏蔽暂堵液中应含的固相粒子质量浓度大于钻井液中该粒径范围内的固相粒子质量浓度,则说明把钻井液改造为屏蔽暂堵液时,应当在钻井液中加入该粒径范围内的粒子,加量为二者

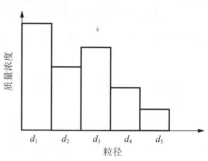

图7-7 屏蔽暂堵液中固相粒子质量浓度分布直方图

之差。经过逐级比较之后,可得到应向钻井液中加入的不同粒径范围的固相粒子质量浓度分布直方图,如图7-8和图7-9所示。

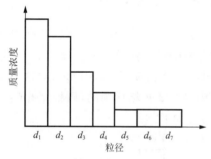

图7-8 钻井液中固相粒子质量浓度分布直方图

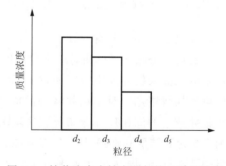

图7-9 钻井液中应补充固相粒子质量浓度分布直方图

对于裂缝性储层,根据国内外的初步研究结果,架桥粒子的尺寸应为裂缝平均宽度的0.7,填充粒子尺寸为裂缝平均宽度的1/3~1/2。如果一级填充后剩余的裂缝空间仍然较大,可进行多级填充,填充粒子质量浓度不小于0.015 g/mL。裂缝性储层屏蔽暂堵剂设计与孔隙性储层的方法完全一样,关键是要知道有效裂缝尺寸分布。

7.2.2 屏蔽暂堵剂加量计算

现设某一暂堵剂的尺寸分布为$\{f_{bs}(i), i=1,2,\cdots,m\}$,其中$m > n$,那么要求暂堵剂质量浓度$C_{bs}$,就要使得$\{C_{bs}f_{bs}(i), i=1,2,\cdots,m\}$与钻井液中原有固相颗粒质量浓度分布$\{C_{am}(i), i=1,2,\cdots,n\}$之间的差距最小。为此,采用加权多元相似分析理论来解决,即求C_{bs},使$\{C_{am}(i), i=1,2,\cdots,n\}$相互间尽可能相似。

根据渗流力学原理,孔喉尺寸与渗流量近似呈4次方的关系,因此孔喉尺寸在暂堵中起主导作用。为了防止虽然总的相似残差最小,而个别大尺寸粒子不满足要求的情况出现,采用粒径加权多元相似分析原理:

$$Q(C_{\text{bs}}) = \sum_{i=1}^{n} \{C_{\text{am}}(i) - C_{\text{bs}} j_{\text{bs}}(i)\}^2 D(i)^2 \qquad (7-9)$$

式中　Q——相似加权函数；

$D(i)$——$C_{\text{am}}(i)$ 对应的固相粒子尺寸。

现在的问题是寻求一个加量 C_{bs}^*，使得：

$$Q(C_{\text{bs}}^*) = \min\{Q(C_{\text{bs}})\} \qquad (7-10)$$

式中，$\min\{\}$ 在暂堵剂所有可能的加量范围内取值，采用列举法最为简便。

7.2.3　屏蔽暂堵剂的复配定量计算

如前所述，根据孔喉尺寸分布、钻井液的固相粒子质量浓度分布以及暂堵剂的尺寸分布，可以求出暂堵剂的加量。但在一些情况下，单靠一种暂堵剂无法满足屏蔽暂堵的尺寸分布要求，于是就需要进行暂堵剂的复配。下面采用加权多元相似分析方法进行暂堵剂复配设计计算。

设暂堵剂 $B_1, B_2, \cdots, B_s$ 的尺寸分布分别为 $\{f_{\text{bs}}(i,j), i=1,2,\cdots,n(j), j=1,2,\cdots,s\}$，那么目标就是寻求一种复配配方 $\{C_{\text{bs}}^*(*,1), C_{\text{bs}}^*(*,2), \cdots, C_{\text{bs}}^*(*,s)\}$ 满足：

$$Q^* = Q\{C_{\text{bs}}^*(*,1), \cdots, C_{\text{bs}}^*(*,s)\} = \min Q \qquad (7-11)$$

$$Q = \sum_{i=1}^{n} \left[C_{\text{am}}(i) - \sum_{j=1}^{s} C_{\text{bs}}(i,j) j_{\text{bs}}(i,j)\right]^2 D(i)^2 \qquad (7-12)$$

其中，$C_{\text{bs}}(*,i) = \sum_{j=1}^{s} C_{\text{bs}}(i,j)$，$C_{\text{bs}}(*,j) = \sum_{i=1}^{*\omega} C_{\text{bs}}(i,j) j_{\text{bs}}(*,i) = \sum_{j=1}^{s} j_{\text{bs}}(i,j)$，$j_{\text{bs}}(*,j) = \sum_{i=1}^{*\omega} j_{\text{bs}}(i,j)$，那么 $C_{\text{bs}}^*(i)$ 和 $f_{\text{bs}}^*(i)$ 即为复配暂堵剂对应 $D(i)$ 的质量浓度分布和尺寸分布。（$\sum\limits_{i=1}^{*\omega}$ 表示在给定配方体系范围内求和。）

为了求解上式中在各暂堵剂的加量范围，把加量分为不同等级，对不同配合方案进行对比，求出使 Q 达到最小的配方即为复配暂堵剂的配方。目前，吐哈油田暂堵剂产品主要有 QS-1，QS-2，QCX-1，QCX-2，LFD-2，FT-1，JHY 等。QD 构造储层孔喉尺寸在 $0.1 \sim 100~\mu\text{m}$ 范围内，峰值在 $3 \sim 10~\mu\text{m}$ 之间，大孔喉的体积分数虽低，但它们对油层的渗透率贡献很大。根据 2/3 暂堵原则，暂堵粒子的尺寸应小于 $70~\mu\text{m}$ 才能有效地暂堵整个油层。

根据吐哈油田现用暂堵剂的尺寸分布可得出：只用 QCX-2 就能满足架桥粒子和填充粒子的粒度分布要求。在基浆中加入 4%～5% 的 QCX-2 和 1%～1.5% 的磺化沥青就能获得较好的屏蔽暂堵效果。对于现场钻井液，加量应视钻井液中的固相含量与级配确定。由于 QD 构造没有实验井，故在钻井液配方的基浆中加入 4%～5% 的 QCX-2 和 1%～1.5% 的磺化沥青做屏蔽暂堵室内实验，以验证所提出的屏蔽暂堵优化设计加罚形式多元相关分析的有效性，并为 QD 构造防塌钻井液转化为保护储集层的屏蔽暂堵式完井液提供重要的理论基础。

第8章　异常应力构造低渗油藏大段泥页岩井壁稳定技术展望

井壁失稳问题一直是钻井工程中一个复杂的世界性难题。井壁失稳会给钻井工程造成巨大的困难,主要表现为缩径、坍塌卡钻、井眼扩大、固井质量低等。这些事故不但会延长钻井周期,而且会提高钻井成本。目前,井壁失稳问题每年给石油工业带来$(8\sim10)\times10^8$美元的巨大经济损失。因此,井壁失稳问题依然是一个十分重要且棘手的问题。

石油天然气钻井多是在沉积岩地层中进行,而沉积岩中70%以上是泥页岩。在钻井过程中,90%以上的井壁失稳问题发生在泥页岩地层,所以人们往往又将井壁稳定问题称为泥页岩稳定问题。由于井眼的形成打破了原有的各种平衡状态,再加上泥页岩本身的脆弱和极强的水敏性,常常会给钻井工程带来很多预料不到的复杂问题。若在钻井过程中遇到水敏性极强的泥页岩地层,短期内就会形成大规模的坍塌,裸露一层,剥蚀一层,连续不断,导致钻井作业无法进行,造成钻井的失败、井眼的报废,进而导致整个勘探开发进程受到影响。因此,从降低钻井成本和加快油气田勘探开发的角度出发,深入地研究泥页岩井壁稳定性具有非常重要的意义。

8.1　异常应力构造低渗油藏大段泥页岩井壁失稳机理分析

导致井壁失稳问题的原因有很多,总的来说可以归纳为以下三种因素:

1. 力学因素

处于地层深处的岩石受到上覆地层压力、水平方向的地应力和地层孔隙流体压力的作用。钻开井眼前,地下岩石处于应力平衡状态;钻开井眼后,井内钻井液液柱压力取代了所钻岩层对井壁的支撑,失去了地层原有的应力平衡,引起井眼周围应力重新分布。当地应力、岩石强度和孔隙压力等不可控因素与井内液柱压力、钻井液化学成分等之间不能达到适度平衡时,可能引起不同程度的井眼破坏。当井内液柱压力偏低时,可能使井壁岩石产生剪切破坏,此时塑性岩石将向井内产生塑性蠕动而导致缩颈,脆性岩石则会发生坍塌掉块,造成井径扩大;当井内液柱压力偏高时,则相应地使井壁发生张性破坏,造成井漏。

2. 化学因素

泥页岩是一种由水敏性黏土矿物组成的岩石,其与钻井液的相互作用是必然的。由于泥页岩结构和组分上的特点,采用不同的钻井液体系,泥页岩与钻井液作用的差别也是很大的。钻井过程中,井眼的形成打破了地层原有的力学和化学平衡,尽管有井壁泥饼的保护,但泥页岩地层与钻井液在井下温度和压力条件下接触将产生如下相互作用:

(1) 离子交换作用;
(2) 泥页岩和钻井液中水的化学势差异产生的渗透作用;
(3) 在井底压差作用下钻井液中的水沿泥页岩的微裂隙的侵入;
(4) 毛管压力作用产生的渗析。

这四个方面的作用使泥页岩地层吸水膨胀,产生膨胀应变,从而产生水化应力,使井周围岩石的应力分布和材料特性发生显著变化,最终导致井壁失稳,发生钻井复杂事故。

3. 工程因素

工程因素包括钻井液的性能(滤失、黏度、密度)、井眼裸露的时间、钻井液的环空返速对井壁的冲刷作用、井眼循环波动压力、起下钻的抽汲压力、井眼轨迹的形状及钻柱对井壁的摩擦和碰撞等。

上述导致井壁失稳的三种因素可以归结为一种因素,即力学因素。归根到底,井壁岩石的破坏和失稳都是力(岩石应力、化学应力、工程所引发的各种力)的作用结果,其实质是井壁岩石所受应力超过了其强度而诱发失稳破坏。

8.2 异常应力构造低渗油藏大段泥页岩井壁稳定研究方法及发展趋势

泥页岩井壁稳定问题从 20 世纪中叶就已经被认识到并开始进行研究,经过国内外学者几十年的探讨,已经形成了一套系统的研究方法。泥页岩井壁稳定性研究是一个非常庞大、复杂的体系,虽然长期以来国内外学者就泥页岩井壁稳定进行了大量的研究工作,但是由于问题的高度复杂性,各研究成果并不一致,且仍存在很多问题。下面简单介绍异常应力构造低渗油藏大段泥页岩井壁稳定研究方法及发展趋势。

8.2.1 研究方法

1. 弹塑性力学理论方法

井壁稳定力学研究从以下三个方面入手:岩石力学参数、原地应力场和井壁稳定力学模型。岩石力学参数是基础,地应力是井壁失稳的根本诱因,合理的井壁稳定力学模型是解决井壁失稳问题的有效途径。结合这三个方面的研究,根据地应力状态和地层力学参数,采用合理的力学模型,得出能保持井壁稳定的钻井液密度范围,再配合使用优质钻井液体系,才可能保持井壁稳定。

对于脆性泥页岩、低强度砂岩,一般采用线弹性模型;对于易发生塑性变形的软泥岩、盐膏岩地层,国内外学者在对岩石塑性本构关系模型进行详细研究的基础上,提出了理想塑性模型、硬化模型和软化模型,还提出了考虑岩石的弹性参数随塑性变形变化的弹塑性耦合模型以及岩石塑性理论的非联合流动法则弹塑性模型等,但它们仍存在一些不足。

2. 井壁稳定统计方法

根据已钻井井壁稳定情况,以统计误差分析方法为基础进行不确定性分析,发现不同参数(包括页岩膨胀量、地应力、孔隙压力、井斜等)对井眼稳定的影响程度不同,从而提出提高井壁稳定的方法。不确定性分析可提供下列信息:哪个参数影响井眼稳定,及其对安全钻井液密度的影响程度;这些输入参数所要求的准确率范围;给定输入误差大小时井眼稳定模型的准确率范围;如何提高井眼稳定分析的准确性。不确定性分析需用到经过钻井校正和实验室及现场数据验证的井眼稳定模型,此时的井眼稳定模型采用的是非线性模型。非线性模型所产生的误差对安全钻井液密度估测的影响比输入参数误差的影响要小得多。

3. 井壁失稳引起的钻井作业风险评估

结合传统的井壁稳定分析方法及利用相应准则确定的井壁失稳的作业允许程度,定量地计算出井壁失稳引起的钻井作业风险评估,并提供优于传统井壁稳定分析且更合理的钻井液密度。该理论的核心技术是不同坍塌程度的坍塌压力与钻井复杂情况的关系。

4. 泥页岩稳定性力学与化学耦合研究

1989 年 10 月,C. H. Yew 和 M. E. Chenevert 发表了第一篇利用力学与化学耦合的方法对泥页岩稳定性进行定量分析的文章,其中提到了将页岩的力学性质相关于页岩的总含水量(总吸附水量),并由实验方法确定相关系数的方法,即总吸附水量相关法。1999 年,孟英峰等建立了可以描述各种能量(压力势能、热势能、电势能、化学势能)和各种物质(自由水分子、水化离子、氢离子)在泥页岩中流动、扩散的基本方程组。该方程组与阳离子交换方程组、微组构描述方程组联立,可以求解各种能量强度、物质浓度在页岩中的动态变化。多年来,国内外众多专家学者对泥页岩稳定性力学与化学耦合的研究做出了极大努力,在此基础上,基于微组构方程组和双电层电化学方程组,与页岩多孔介质固体力学方程组联立,建立了描述泥页岩水化膨胀应力、水化膨胀应变、水化材料本构关系的影响、水化对页岩强度的影响的基本方程组,将所有方程组联立,进行数值求解,开发了泥页岩水化反应仿真器,并将仿真结果与可参考的实验室结果予以对照,其趋势性的结果符合率较好。

5. 井壁稳定钻前预测技术

常规井壁稳定性研究一般都在钻井过程中或钻井结束后进行,通过钻井、测井、录井和岩心资料的综合分析,确定井壁失稳的主要原因,并据此优选钻井液体系及密度。该方法相对容易且满足研究井的实际工程要求,但所得结果的实用性易受地质构造影响,而且不适用于探井井壁稳定性研究。因此,钻前预测井壁稳定并推荐安全钻井液密度窗口是解决探井井壁失稳问题的关键。为此,国内外学者利用地震层速度对井壁稳定预测进行了创新研究。

2001年,陈勉、金衍在国内外首次提出了利用地震层速度预测坍塌压力与破裂压力的新理论,其基础是地震波在地层中的传播速度与岩层的性质(弹性参数、地层成分、密度、埋藏深度、地质年代、孔隙度等)有关。层速度的分层一般与地层的地质年代、岩性上的分层具有一致性,特定的层速度分布规律包含着丰富的地层信息,能不同程度地反映地层力学特性。该方法在相似构造井壁稳定分析理论基础上,利用测井数据分层的方法建立了地震层速度偏差的修正模型,利用趋势面理论建立了地震层速度单因素钻前预测井壁稳定性模型,利用神经网络理论建立了地震层速度智能钻前预测井壁稳定性模型。这三个模型已成功应用于我国西部油田10多口井的钻前钻井液密度确定,创造了显著的经济效益。

8.2.2 发展趋势

从本质上说,泥页岩井壁失稳是岩石力学、钻井液化学和温度应力共同作用的结果,泥页岩井壁稳定性的研究方向也会朝着力学、化学、热应力耦合的方向发展,因此建立合理的力学、化学、热应力的耦合方法是关键。纯理论研究方法、实验研究方法、模拟耦合研究方法等共同结合也是未来研究泥页岩井壁稳定问题的主要手段和关键技术。由于钻井过程中井壁稳定具有极强的时效性,因此实时地对当前钻头所处地层的井壁稳定性进行评价,及对钻头底下地层的井壁稳定性进行预测也是当前钻井亟须解决的理论和工程难题。

参考文献

[1] 刘瑛,李正科,乔向阳,等.吐哈低孔低渗油田精细油藏描述[J].吐哈油气,2009,13(1):67-71.
[2] 刘文宇.基于深井技套井段井壁稳定技术研究[D].大庆:大庆石油学院,2008.
[3] 夏廷波,刘禧元,杨荣垒.吐哈油田钻井液技术现状及发展思考[J].吐哈油气,2011,16(1):71-76,81.
[4] 唐大鹏.探讨井塌及防塌问题[J].石油钻采工艺,1989,11(1):103-104.
[5] 张有瑜,赵杏媛.泥页岩井壁不稳定机理及其防治措施综述[J].油田化学,1992,9(2):168-174,187.
[6] 李健鹰,邱正松,程远方.井壁稳定性研究新进展[J].油田化学,1992,9(3):278-281.
[7] 赵杏媛.粘土矿物与油气[J].新疆石油地质,2009,30(4):533-536.
[8] 刘保双,曹胜利.国外无伤害钻井液技术研究进展[J].精细石油化工进展,2004,12(5):29-32.
[9] 赴英法两国泥浆录井技术考察及其专用设备订货考察组.国外泥浆录井技术发展状况和市场简况——赴英法两国考察及其专用设备订货的报告(摘要)[J].录井技术通讯,1994,5(1):1-7.
[10] 宋世超.泥页岩井壁稳定的力学与化学协同作用研究与应用[D].荆州:长江大学,2013.
[11] 张红红.油页岩勘探无固相聚合物钻井液研究与应用[D].长春:吉林大学,2007.
[12] 李克向.21世纪钻井技术展望[J].钻采工艺,1999,22(6):1-6.
[13] 王建波.大港油田钻井液完井液优化设计研究[D].青岛:中国石油大学(华东),2009.
[14] 孙金声,唐继平,张斌,等.超低渗透钻井液完井液技术研究[J].钻井液与完井液,2005,22(1):1-4,79.
[15] 马志亮,楼一珊,文忠选,等.吐哈油田马朗凹陷火成岩地层钻头优选技术研究[J].石油天然气学报,2011,33(3):152-154,170.
[16] 冯永存,邓金根,李晓蓉,等.井壁稳定性评价准则分析[J].断块油气田,2012,19(2):244-248.
[17] 耿铁.渤中13-1油田井壁稳定与钻井液优化技术研究[D].青岛:中国石油大学(华东),2009.
[18] 蔡忠.储集层孔隙结构与驱油效率关系研究[J].石油勘探与开发,2000,27(6):45-46,49.
[19] 杨贤友.保护油气层钻井完井液现状与发展趋势[J].钻井液与完井液,2000,17(1):29-34.
[20] 张绍槐,李琪.保护储集层的控制及模拟技术[J].石油钻采工艺,1994,16(5):60-65,100.
[21] 候德大.大庆油田中深井PDC钻头结构优化设计研究[D].大庆:东北石油大学,2014.
[22] 王京印.泥页岩井壁稳定性力学化学耦合模型研究[D].青岛:中国石油大学(华东),2007.
[23] 徐同台.井壁稳定技术研究现状及发展方向[J].钻井液与完井液,1997,14(4):38-45.
[24] 王倩,周英操,唐玉林,等.泥页岩井壁稳定影响因素分析[J].岩石力学与工程学报,2012,31(1):171-179.
[25] 徐同台,赵忠举,袁春.国外钻井液和完井液技术的新进展[J].钻井液与完井液,2004,21(2):3-12,63.
[26] 肖曾利,蒲春生,时宇,等.油田水无机结垢及预测技术研究进展[J].断块油气田,2004,11(6):76-78,94.
[27] SYLLA LAMINE.几内亚水域海上溢油污染数值模拟及风险评估研究[D].大连:大连海事大学,2012.
[28] 蒲春生,张绍槐.注入水水质控制中一个问题的初探[J].石油钻采工艺,1993,15(4):68-75.
[29] 段勇.岩心速敏试验理论与方法的研究[J].石油钻采工艺,1994,16(2):56-60,107.
[30] 朱洪林.低渗砂岩储层孔隙结构表征及应用研究[D].成都:西南石油大学,2014.

[31] 徐厚英.大港油田新型保护油气层钻井完井液体系研究与应用[D].青岛:中国石油大学(华东),2008.
[32] 夏晨,庸富华.深井钻井泥浆泥饼质量评价技术研究与应用[J].内蒙古石油化工,2009(22):115-117.
[33] 丛玉丽.锦612区块敏感性评价及储层保护技术研究[D].大庆:东北石油大学,2014.
[34] 张冠华.一种泥饼固化新方法的探索与固化机理探讨[D].成都:西南石油大学,2014.
[35] 罗曦.吐哈油田玉果区块复杂泥岩地层防塌钻井液技术研究[D].青岛:中国石油大学(华东),2013.
[36] 蒲春生,张绍槐.非膨胀粘土的分散和运移[J].石油钻采工艺,1992,14(1):63-71.
[37] 孙颖,潘卫国.确定钻头合理使用时间的一种新方法[J].石油钻采工艺,1993,15(2):25-29.
[38] 张云连.胜利油田优快钻井技术实践与认识[J].石油钻探技术,2001,29(3):33-34.
[39] 蒲春生,罗平亚.试论表面电荷特征与水质控制的关系[J].油田化学,1994,11(1):45-49.
[40] 赖锦,王贵文,陈敏,等.基于岩石物理相的储集层孔隙结构分类评价——以鄂尔多斯盆地姬塬地区长8油层组为例[J].石油勘探与开发,2013,40(5):566-573.
[41] 钟强晖,张志华,梁胜杰.基于多元退化数据的可靠性分析方法[J].系统工程理论与实践,2011,31(3):544-551.
[42] 陈秀荣.泥页岩井壁稳定性研究[D].北京:中国地质大学,2009.
[43] 刘庆菊.深层井壁稳定技术研究[D].大庆:大庆石油学院,2008.
[44] 周海成.基于损伤力学理论的泥页岩井壁稳定性研究[D].西安:西安石油大学,2011.
[45] 朱国涛.泥页岩井壁稳定性力学与化学耦合模型研究[D].西安:西安石油大学,2012.
[46] 王剑.泥页岩的水化稳定性研究[D].西安:西安石油大学,2012.
[47] 唐文泉.泥页岩水化作用对井壁稳定性影响的研究[D].青岛:中国石油大学(华东),2011.
[48] 张磊.彭水、黄平区块页岩气井壁稳定性研究[D].荆州:长江大学,2013.
[49] 邱正松,徐加放,吕开河,等."多元协同"稳定井壁新理论[J].石油学报,2007,28(2):117-119.
[50] 刘锡胜.胜利油田牛庄地区井壁稳定性分析[D].青岛:中国石油大学(华东),2007.
[51] 王怡,刘修善,曾义金,等.泥页岩综合分类方法探索[J].钻井液与完井液,2014,31(4):82-85,101-102.
[52] 赵维超.硬脆性页岩井壁稳定性影响因素研究[D].成都:西南石油大学,2014.
[53] 尹志阳,房志国.泥页岩地层井壁稳定技术研究[J].内江科技,2015(6):44-45.
[54] 陈勉,金衍.深井井壁稳定技术研究进展与发展趋势[J].石油钻探技术,2005,33(5):31-37.
[55] 罗勇.基于地震解释的地层可钻性及其机械钻速预测研究[D].成都:西南石油学院,2005.
[56] 张绍槐,蒲春生,李琪.储层伤害的机理研究[J].石油学报,1994,15(4):58-65.
[57] 蒲春生,周凤山,董永强.油田注防垢剂效果预测计算机模拟系统[J].西安石油学院学报(自然科学版),1995,10(4):18-21.
[58] PU CHUNSHENG. Studies on the pore construction change for particles surface deposition:proceedings of the 3rd International Symposium on Multiphase Flow and Heat Transfer[C]. Connecticut:Begell House,1996.
[59] 蒲春生,曾广锡,郭建明,等.油藏孔隙中微粒沉积分散的数学模型研究[J].西安石油学院学报(自然科学版),1996,11(4):37-41.
[60] PU CHUNSHENG. A mathematical simulation for sandstone formation damaged with pore plugging during water flooding[C]. International Symposium on Multiphase Fluid,Non-Newtonian Fluid and Chemical Fluid Flows,Beijing,1997.
[61] 蒲春生,刘洋.水平井地层伤害的数学与计算机模拟(Ⅰ):数学模型及其求解[J].工程数学学报,

1996,13(3):35-40.
[62] 蒲春生,刘洋.水平井地层伤害数学与计算机模拟(Ⅱ):计算机系统及其应用[J].工程数学学报,1997,14(1):8-14.
[63] 罗明良,蒲春生,董经武,等.无机结垢趋势预测技术在油田开采中的应用[J].油田化学,2000,17(3):208-211.
[64] 罗明良,蒲春生,樊友宏.储集层微粒运移堵塞预测模型及其应用[J].油气地质与采收率,2001,8(3):74-76.
[65] 罗明良,蒲春生,王得智,等.油水井近井带无机结垢动态预测数学模型研究[J].石油学报,2002,23(1):61-66.
[66] 罗明良,蒲春生,张荣军,等.储层石蜡沉积预测技术研究与应用[J],钻采工艺,2002,25(1):87-90.
[67] 蒲春生,张荣军,时宇,等.酸碱度对矿化度临界值的影响研究[J].石油工业技术监督,2005(4):11-13.